互联网 + 职业技能系列微课版创新教材

CorelDRAW

项目实战 全攻略

沙 旭 徐 虹 梁丽娜 编著

U0339530

北京希望电子出版社
Beijing Hope Electronic Press
www.bhp.com.cn

内 容 简 介

随着"互联网+"时代的到来，职业教育和互联网技术日益融合发展。为提升职业院校培养高素质技能人才的教学能力，现推出"互联网+职业技能系列微课版创新教材"。

本书采用知识点配套项目微课进行讲解，将理论知识与操作技巧有效地结合起来。本书共9个项目，内容包括：LOGO设计、名片设计、包装设计、DM宣传单设计、折页设计、书籍封面设计、插画设计、网页设计和产品造型设计。

本书可作为大中专院校、职业学校及各类社会培训机构的教材，既适用于学习CorelDRAW的初、中级读者和平面创意设计爱好者，也适用于从事平面设计及相关工作的专业人士。

为帮助读者更好地学习，本书提供了配套微课视频、案例素材等数字资源，读者可通过扫描封底和正文中的二微码获取相关文件。

图书在版编目（ＣＩＰ）数据

CorelDRAW 项目实战全攻略 ／沙旭，徐虹，梁丽娜

编著.-- 北京：北京希望电子出版社,2020.4

互联网+职业技能系列微课版创新教材

ISBN 978-7-83002-748-3

Ⅰ．①C… Ⅱ．①沙… ②徐… ③梁… Ⅲ．①图形软一件－教材 Ⅳ．①TP391.412

中国版本图书馆 CIP 数据核字（2020）第 046835 号

出版：北京希望电子出版社

地址：北京市海淀区中关村大街 22 号

中科大厦 A 座 10 层

邮编：100190

网址：www.bhp.com.cn

电话：010-82626227

传真：010-62543892

经销：各地新华书店

封面：相期于茶

编辑：李 萌 刘延姣

校对：石文涛

开本：787mm×1092mm 1/16

印张：17

字数：410 千字

印刷：北京市密东印刷有限公司

版次：2023 年 1 月 1 版 4 次印刷

定价：47.50 元

编 委 会

前　言

CorelDRAW 是由加拿大 Corel 公司出品的矢量图形制作工具软件，这个图形工具给设计师提供了矢量动画、页面设计、网站制作、位图编辑和网页动画等多种功能，是目前优秀的平面设计软件之一。

本书设计了 LOGO 设计、名片设计、包装设计、DM 宣传单设计、折页设计、书籍封面设计、插画设计、网页设计和产品造型设计等 9 个项目，每个项目均以知识点配套项目微课的方式进行讲解，旨在将理论知识与实际操作技巧有效地结合在一起。本书主要特点如下：

● 适合市场需求，采用集理论讲解、案例操作、项目实训为一体的项目教学方法，重点突出，使知识点的讲解更加系统、全面。

● 将知识点法融入项目案例，使知识点的讲解与操作过程相辅相成，既可以使读者巩固所学知识，又可以引导读者进行实操。

● 提供微课视频、线上线下互动教学辅导等优质教学资源。

本书可作为大中专院校、职业学校及各类社会培训机构的教材，既适用于学习 CorelDRAW 的初、中级读者和平面创意设计爱好者，也适用于从事平面设计及相关工作的专业人士。

为帮助读者更好地学习，本书配套提供了微课视频、案例素材等数字资源，读者可通过扫描封底和正文中的二维码获取相关文件。

由于作者水平有限，书中难免有不妥之处，恳请读者多提宝贵意见。

编　者

目　录

认识 CorelDRAW

CorelDRAW 是由加拿大 Corel 公司出品的矢量图形制作工具软件，这个图形工具给设计师提供了矢量动画、页面设计、网站制作、位图编辑和网页动画等多种功能，是目前优秀的平面设计软件之一。Corel 公司的 LOGO 如图 1 所示。

图 1　Corel 公司的 LOGO

一、CorelDRAW 基础知识

在使用 CorelDRAW 进行矢量图形绘制之前，首先需要了解一些矢量图形相关的知识，以便快速、准确地处理图形。

1. 位图和矢量图

计算机图形主要分为两类：一类是位图，另一类是矢量图。CorelDRAW 是典型的矢量图软件，但也包含一些位图功能。

1）位图

位图也称点阵图，它是由许多点组成的，这些点称为像素。当许多不同颜色的点组合在一起后，便构成了一幅完整的图像。

像素是组成图像的最小单位，而图像又是由以行和列的方式排列的像素组合而成的，像素越高，文件越大，图像的品质越好。位图可以记录每一个点的数据信息，从而精确地制作色彩和色调变化丰富的图像。但是，由于位图图像与分辨率有关，它所包含的图像像素数目是一定的，若将图像放大到一定程度后，图像就会失真，边缘会出现锯齿。位图原图与放大图的效果对比如图2所示。

图2　位图原图与放大图的效果对比

2）矢量图

矢量图也称向量式图形，它使用数学的矢量方式来记录图像内容，以线条和色块为主。矢量图像最大的优点是无论放大、缩小或旋转都不会失真，最大的缺点是难以表现色彩层次丰富且逼真的图像效果，将其放大至400％后，放大后的矢量图像依然光滑、清晰。

另外，矢量图占用的存储空间要比位图小很多，但它不能创建复杂的图形，也无法像位图那样表现丰富的颜色变化和细腻的色彩过渡。矢量图原图和局部放大如图3所示。

图3　矢量图原图和局部放大

2. 图像的色彩模式

图像的色彩模式决定了显示和打印图像颜色的方式，常用的色彩模式有 RGB 模式、CMYK 模式、灰度模式和 Lab 模式等。

1）RGB 模式

RGB 颜色被称为真彩色，RGB 模式的图像由 3 个颜色通道组成，分别为红色通道（Red）、绿色通道（Green）和蓝色通道（Blue）。其中，每个通道均使用 8 位颜色信息，每种颜色的取值范围是 0 ~ 255，这三个通道组合可以产生 1670 万余种不同的颜色。

另外，RGB 模式的图像文件比 CMYK 模式的图像文件要小得多，可以节省存储空间，不管是扫描输入的图像，还是绘制图像，一般都采用 RGB 模式存储。

2）CMYK 模式

CMYK 模式是一种印刷模式，是 CorelDRAW 中默认使用的颜色，也是最常用的一种颜色模式。它由分色印刷的 4 种颜色组成，CMYK 的 4 个字母分别代表青色（Cyan）、洋红色（Magenta）、黄色（Yellow）和黑色（Black），每种颜色的取值范围是 0% ~ 100%。CMYK 模式本质上与 RGB 模式没有什么区别，只是产生色彩的原理不同。

在 CMYK 模式中，C、M、Y 这三种颜色混合可以产生黑色，但是，由于印刷时含有杂质，不能产生真正的黑色与灰色，只有与 K（黑色）油墨混合才能产生真正的黑色与灰色。

3）灰度模式

灰度模式可以表现出丰富的色调，但是只能表现黑白图像。灰度模式图像中的像素是由 8 位的分辨率来记录的，能够表现出 256 种色调，从而使黑白图像表现得更完美。灰度模式的图像只有明暗值，没有色相和饱和度这两种颜色信息。其中，0% 为黑色，100% 为白色，K 值是用来衡量黑色油墨用量的。使用黑白和灰度扫描仪产生的图像常以灰度模式显示。

4）Lab 模式

Lab 颜色模式弥补了 RGB 和 CMYK 两种色彩模式的不足。Lab 颜色模型由三个要素组成，其中，L 表示亮度，a 和 b 是两个颜色通道，a 表示从红色到绿色的范围，b 表示的是从黄色到蓝色的范围。L 的值域由 0 到 100，L=50 时，就相当于 50% 的黑，a 和 b 的值域都是由 +120a（红色）到 -120a（绿色），它的颜色也是从红色过渡到绿色，同理，+120b（黄色）到 -120b（蓝色）。所有的颜色就以这三个值交互变化所组成。

知识链接

Lab 模式既不依赖光线，也不依赖于颜料，它是 CIE 确定的一个理论上包括人眼可以看见的所有色彩的色彩模式，它所能表现的色彩范围比任何色彩模式更加广泛。当 RGB 和 CMYK 两种模式相互转换时，建议先转换为 Lab 模式，这样可减少转换过程中颜色的损耗，弥补 RGB 和 CMYK 两种模式的不足。

Lab 模式所定义的色彩最多，与光线及设备无关，并且处理速度与 RGB 模式同样快，比 CMYK 模式快很多，可以放心大胆地在图像编辑中使用 Lab 模式，而且，Lab 模式在转换为 CMYK 模式时色彩没有丢失或被替换。

避免色彩损失的方法：应用 Lab 模式编辑图像，再转换为 CMYK 模式打印输出。

3. 常用的图像格式

CDR 是 CorelDRAW 软件的源文件保存格式。它是一种矢量图文件，CDR 文件可使用 CorelDRAW 软件打开。CDR 格式属于 CorelDRAW 专用文件存储格式，由 CorelDRAW 软件打开 CDR 文件才可进行浏览，CDR 文件在 CorelDRAW 应用程序中能够以源文件的方式使用、编辑，其他图像编辑软件打不开此类文件。因此，需要下载安装 CorelDRAW 软件才能打开图形文件。

下面针对 CorelDRAW 软件中常用的文件保存格式进行详细讲解。

1）CDR 格式

CDR 格式是 CorelDRAW 软件的专用文件保存格式。CorelDRAW 软件是矢量图形绘制软件，CDR 可以记录文件的属性、位置和分页等，但是兼容度较差，换句话说，使用 CorelDRAW 软件编辑和修改的图像如果保存为 CDR 格式，用其他图像编辑软件是打不开的，大家一定要切记这一点。

2）BMP 格式

BMP 格式是一种与硬件设备无关的图形文件格式，使用非常广。它采用的是映射存储格式，除了图像深度可选以外，不采用其他任何压缩。占用磁盘空间较大，在存储文件数据时，图像是按从左到右、从上到下的顺序保存的。在 Windows 环境中，所有图像软件都支持 BMP 格式。

3）SVG 格式

SVG 格式是可缩放的矢量图形格式，是一种开放标准的矢量图形语言，可任意放大图形显示，边缘异常清晰，文字在 SVG 图像中保留可编辑和搜寻的状态，没有字体的限制，生成的文件小，下载快，适用于设计高分辨率的 Web 图形页面。

4）JPEG 格式

JPEG 格式是一种有损压缩的网页格式，不支持 Alpha 通道，也不支持透明。最大的特点是文件比较小，可以进行高倍率的压缩，因此在注重文件大小的领域应用广泛。

5）GIF 格式

GIF 格式是一种通用的图像格式。它是一种有损压缩格式，而且支持透明和动画。另外，GIF 格式保存的文件不会占用太多的磁盘空间，非常适合网络传输，是网页中常用的图像格式。

6）TIFF 格式

TIFF 格式用于在不同的应用程序和不同的计算机平台之间交换文件。它是一种通用的位图文件格式，几乎所有的绘画、图像编辑和页面版式应用程序均支持该文件格式。

TIFF 格式能够保存通道、图层和路径信息，由此看来，它与 PSD 格式并没有什么区别，但实际上，如果在其他程序中打开 TIFF 格式所保存的图像，其所有图层将被合并，只有用 Photoshop 打开保存了图层的 TIFF 文件，才可以对其中的图层进行编辑修改。

小技巧

①如何用 CDR 文件转成 MAC Illustrator 文件而不乱码？可以试试输出 EPS、AI、WMF 等格式。

② CDR 与其他矢量软件的通用格式：CMX、EPS、EMF、WMF。

③ PSD 与 CDR 文件的互换：CDR 文件要想在 Photoshop 中应用，需要输出为 JPEG 或 PSD 格式。PSD 文件要想在 CorelDRAW 中应用，只需在 CorelDRAW 中直接输入 PSD 文件即可，同时保留着 PSD 格式文件的图层结构，在 CorelDRAW 中解散后可以编辑。

注意：CorelDRAW 输出位图时注意比例与实际像素，输出一次后下一次按上一次的默认值进行输出的，需要单击右边的锁或 1:1 选项，才能退回当前比例。

二、认识 CorelDRAW

启动 CorelDRAW 2018，执行"文件"→"打开"命令，打开一张图片，即可进入软件操作界面，如图 4 和图 5 所示。

图 4　CorelDRAW 2018 启动界面

图 5　CorelDRAW 2018 工作界面

CorelDRAW 软件的功能介绍如下。

1）对称绘图模式

实时创建对称设计图，从简单的对象到复杂多变的特效，并为平时耗时的工作流程实现自动化，提升生产效率。对称绘图效果如图 6 所示。

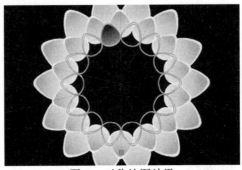

图 6　对称绘图效果

2）交互式图块阴影

以直观方式使用全新图块阴影工具，将纯色矢量阴影添加到对象和文本，缩短准备输出文件的时间。该功能可以显著减少阴影线和节点数，进而加速复印工作流程。图块阴影效果如图 7 所示。

Sed lectus
Sed lectus

图 7　图块阴影效果

3）LiveAketch 功能增强

使用 LiveAketch 绘图工具体验增强的精确度，这得益于分析改善和画笔调整，在移动中绘制草图和设计。LiveSketch 是一个具有革命性的全新工具，这款软件的开发和设计完全基于人工智能和机器学习的新发展。形式自由的草图会在启用触摸功能的设备上转换为精准的矢量曲线。LiveAketch 绘图效果如图 8 所示。

图 8　LiveAketch 绘图效果

4）应用并管理填充物和透明度

与 CorelDRAW 和 Corel PHOTO-PAINT 搭配使用，或在其中对填充物和透明度进行管理时，享受全新设计的填充物和透明度选择器，有助于提高生产效率，提供更好的性能。应用并管理填充物和透明度如图 9 所示。

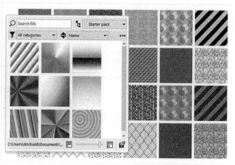

图 9　应用并管理填充物和透明度

5）对齐与分布节点

使用选择边界框、页边或中心、最近的网格线或指定点对齐并分发节点。分布节点同样简单，在水平或垂直方向添加相同的间距。对齐与分布节点如图 10 所示。

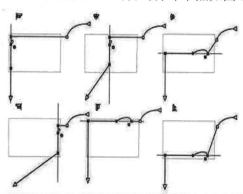

图 10　对齐与分布节点

6）虚线与轮廓拐角控制

在 CorelDRAW 2018 中通过显示使用虚线的对象、文本和符号的拐角进行更多控制。除了现有的默认设置，还可以从两个新选项中选择，以创建设计和定义拐角。虚线与轮廓拐角控制如图 11 所示。

图 11　虚线与轮廓拐角控制

7）效果工具

通过这项功能可轻松地向图纸中的一个元素添加移动或聚焦效果。为使效果不具有破坏性，高度自定义的矢量对象，可使用其他工具编辑。效果工具如图 12 所示。

图 12　效果工具

8）Pointillizer

轻点鼠标即可从任何数量的选定矢量图形或位图对象生成高质量矢量马赛克。受点描绘法影响，该功能适合于制作汽车广告贴画、窗口装饰项目等。Pointillizer 效果如图 13 所示。

图 13　Pointillizer 效果

9）PhotoCocktail

制作精美的照片拼贴画。从一张照片或一个矢量对象开始制作，作为马赛克的基础，然后选择一个位图图像库作为马赛克瓷砖，其他工作的交给 PhotoCocktail。PhotoCocktail 效果如图 14 所示。

图 14　PhotoCocktail 效果

10）交互式矫正照片

通过将修齐条与照片中的元素相互对齐，或指定旋转角度的方式旋转扭曲图像。所有控件可在屏幕或属性栏中轻松访问，可在几分钟内实现效果。交互式矫正照片效果如图15所示。

图15　交互式矫正照片效果

11）交互式调整照片透视

使用交互式透视校正工具，调整照片中建筑物、地标或物体的透视角度。只需将四个边角点排列成矩形形状，即可调整照片。交互式调整照片透视如图16所示。

图16　交互式调整照片透视

12）自定义曲线预览和编辑

使用键盘快捷键将主色调替换为辅助颜色，反之亦然，即使在复杂的设计工作中也能使节点和拖柄预览更容易。自定义曲线预览和编辑如图17所示。

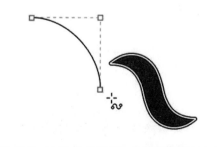

图17　自定义曲线预览和编辑

13）矢量预览

通过更快的工具预览、曲线预览、节点和拖柄、效果控件和滑块，以及文本渲染提高工作效率。更加快速地打开大文件，享受更快的复杂曲线编辑过程。矢量预览如图18所示。

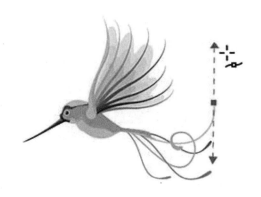

图18　矢量预览

14）贴齐切换

通过单击"关闭贴齐"按钮关闭贴齐选项，或使用键盘快捷键将贴齐在"开"或"关"之间进行切换。无须释放光标，即可在重新定位对象的同时禁用贴齐。贴齐切换如图19所示。

图19　贴齐切换

小技巧

①CorelDRAW软件的查找功能和替换功能非常强大，建议多用，很节省操作时间。

②按空格键可以在选择工具和刚用过的工具之间来回切换，很节省操作时间。

③CorelDRAW软件是可以自动拼版的，在打印预览里面，可以做一些简单的拼版。

常用快捷键

新建文件：Ctrl+N

打开文件：Ctrl+O

保存文件：Ctrl+S

剪切文件：Ctrl+X

复制文件：Ctrl+C

粘贴文件：Ctrl+V

全部选取：Ctrl+A

再制文件：Ctrl+D

全屏幕预览：F9（以全屏幕预览方式显示图文件）

贴齐网格：Ctrl+Y（将物件贴齐网格）

到图层前面：Shift+PgUp（将选取的物件放置最前面）

到图层后面：Shift+PgDn（将选取的物件放置最后面）

向前一个：Ctrl+PgUp（将选取的物件在物件的堆叠顺序中向前移动一个位置）

向后一个：Ctrl+PgDn（将选取的物件在物件的堆叠顺序中向后移动一个位置）

群组：Ctrl+G（将选取的物件组成群组）

解散群组：Ctrl+U（解散群组物件）

组合：Ctrl+L（组合选取的物件）

打散：Ctrl+K（打散选取的物件）

小提示

安装字体

不管何种字体必须要安装到系统的字体目录，这样所有的软件都可以调用字体，目录位于
C:\Windows\Fonts。

说明

本书案例中的文案和素材可根据具体实际文字信息进行添加；字体和字体大小、字体颜色也可自行
设置。

项目 **1**

LOGO 设计

项目目标

　　了解 CorelDRAW 软件，熟悉文件的新建、打开、保存等的基本操作方法；了解工具箱中选择工具、矩形工具、形状工具、椭圆形工具、2 点线工具、手绘工具、钢笔工具、交互式填充工具、文本工具等的使用方法；熟悉绘制简单图形的方法；了解变换、镜像、对齐与分布、组合、造型等的使用方法；熟悉旋转角度、2 点线的设置方法；了解颜色和编辑填充的设置方法。

技能要点

　　◎熟悉文件的新建、打开、保存等的基本操作方法

　　◎了解工具箱中选择工具、矩形工具、形状工具、椭圆形工具、2 点线工具、手绘工具、钢笔工具、交互式填充工具、文本工具等的使用方法

　　◎熟悉绘制简单图形的方法

　　◎了解变换、镜像、对齐与分布、组合、造型等的使用方法

　　◎熟悉旋转角度、2 点线的设置方法

　　◎了解颜色和编辑填充的设置方法

项目导入

　　LOGO 是徽标或者商标的英文说法，起到对徽标拥有公司的识别和推广的作用，通过形象的 LOGO 可以让消费者记住公司主体和品牌文化。

　　LOGO 设计就是标志的设计，在现代标志设计中很重要的是将标志的理念和抽象精神，通过视觉符号表达出来。

　　LOGO 设计，在企业传递形象的过程中是应用最为广泛，出现次数最多，也是一个企业 CIS 战略中最重要的因素，企业将它所有的文化内容包括产品与服务，整体的实力等都融合在标志中，通过后期的不断努力与反复策划，使之在大众的心里留下深刻印象。富有创意的 LOGO 是企业经济的重要产物，品牌价值。

　　好的标志应简洁鲜明，形象明朗，引人注目，而且易于识别、理解和记忆；优美精致，符合美学原理；要被公众熟知和信任。

一、新媒体 LOGO 设计 1

效果欣赏

实现过程

1. 启动 CorelDRAW 2018，按快捷键 Ctrl+N，打开"创建新文档"对话框，新建一个宽度为 210.0mm、高度为 297.0mm，纵向，页码数为 1，原色模式为 CMYK，渲染分辨率为 300 dpi，名称为"logo 设计"的文件，最后单击"确定"按钮，如图 1-1 所示。

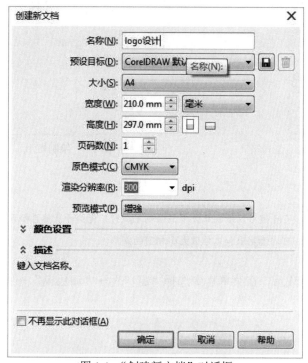

图 1-1　"创建新文档"对话框

知识链接

"创建新文档"中一些按钮的功能

大小：在该下拉列表中选择需要的预设页面大小的样式。

宽度和高度：可输入数值，选择单位类型，设置需要的尺寸。单击后面的"纵向"按钮，可以将页面设置为纵向；单击"横向"按钮，可以将页面设置为横向。

分辨率：设置图形的渲染分辨率。

出血：可以设置页面四周的出血宽度。

2. 接下来绘制一个宽度为 15.0mm、高度为 15.0mm 的矩形。在左侧工具箱中单击"矩形工具"按钮，如图 1-2 所示，或按快捷键 F6，绘制矩形，如图 1-3 所示。

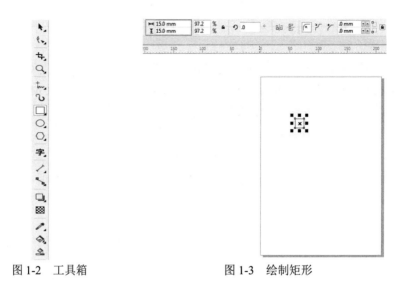

图1-2　工具箱　　　　　　　　　　　图1-3　绘制矩形

技术点拨

①绘制矩形时，按Ctrl键可以绘制正方形，绘制完成时，先松开鼠标再松开Ctrl键。

②双击矩形工具，可以绘制出和工作区大小相同的矩形。

3.绘制矩形完成后，在菜单栏中选择"窗口"→"调色板"→"调色板编辑器"选项，如图1-4所示。

图1-4　"调色板编辑器"选项

4.打开"调色板编辑器"对话框，如图 1-5 所示，单击"添加颜色"按钮，打开"选择颜色"对话框，将模型选择为 RGB 模式，颜色设置为 #70B47D，如图 1-6 所示。

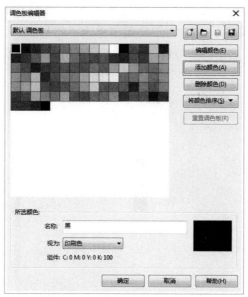

图 1-5　"调色板编辑器"对话框

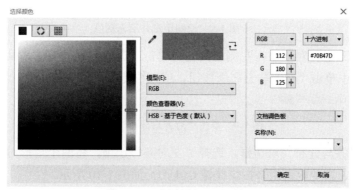

图 1-6　"选择颜色"对话框

5.添加的颜色会显示在"默认 RGB 调色板"中，在菜单栏中选择"窗口"→"调色板"→"默认调色板"选项，在软件右侧"默认 RGB 调色板"工具中找到添加的颜色，选中绘制好的矩形，鼠标左键将矩形填充颜色，如图 1-7 所示。

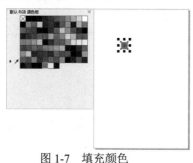

图 1-7　填充颜色

技术点拨

将矩形进行填充颜色时，鼠标左键为填充颜色，鼠标右键为描边，描边的尺寸不算入矩形的大小。

6. 绘制矩形并填充颜色。在左侧工具箱中单击"矩形工具"按钮，或按快捷键 F6，绘制一个宽度为 15.0mm、高度为 70.0mm 的矩形，填充颜色为黑色，如图 1-8 所示。

图 1-8　绘制矩形并填充颜色

7. 将两个矩形进行对齐。在左侧工具箱中单击"选择工具"按钮，鼠标左键选中两个矩形，在属性栏中单击"对齐与分布"按钮，或按快捷键 Ctrl+Shift+A，如图 1-9 所示。

图 1-9　单击"对齐与分布"按钮

8. 打开"对齐与分布"对话框，选择"左对齐"选项，将两个矩形对齐，并按快捷键 Ctrl+G 进行组合，需要取消组合按快捷键 Ctrl+U，如图 1-10 所示。

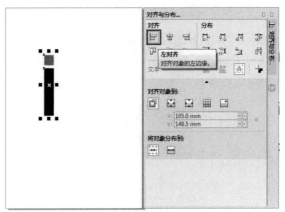

图 1-10　将两个矩形对齐

知识链接

在菜单栏中选择"对象"→"对齐与分布"，其中，对齐包括六种。

①左对齐▤：对齐对象的左边缘。

②水平居中对齐▥：水平对齐对象的中心。

③右对齐▤：对齐对象的右边缘。

④顶端对齐▯：对齐对象的顶边。

⑤垂直居中对齐▯：垂直对齐对象的中心。

⑥底端对齐▯：对齐对象的底边。

9. 绘制第三个矩形并填充颜色。在左侧工具箱中单击"矩形工具"按钮，绘制宽度为15.0mm、高度为80.0mm的矩形，填充颜色为#70B47D，如图1-11所示。

图1-11　绘制第三个矩形并填充颜色

10. 复制矩形。鼠标左键将矩形拖动到指定位置，复制一个矩形，如图1-12所示。

图1-12　复制矩形

11. 旋转矩形。选中复制的矩形，双击鼠标左键出现如图 1-13 所示旋转柄，然后在属性栏中设置旋转角度为 270°，如图 1-14 所示。

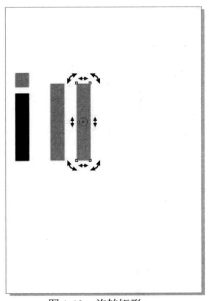

图 1-13　旋转矩形

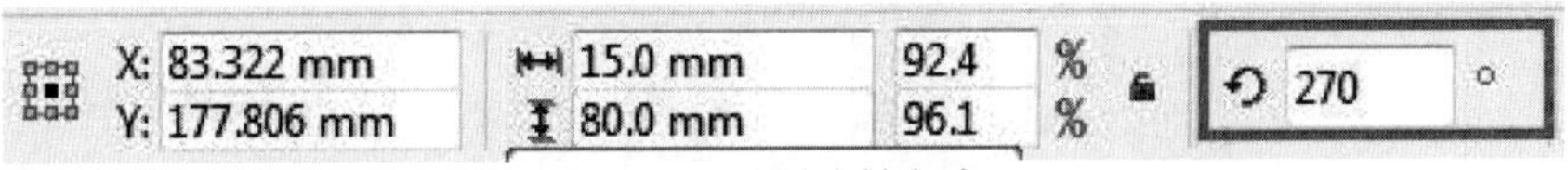

	X: 83.322 mm		15.0 mm	92.4	%		270	°
	Y: 177.806 mm		80.0 mm	96.1	%			

图 1-14　设置旋转角度

12. 在左侧工具箱中单击"选择工具"按钮，拖动鼠标左键将两个矩形同时选中，如图 1-15 所示；将两个矩形进行底端对齐和右对齐，如图 1-16 所示。

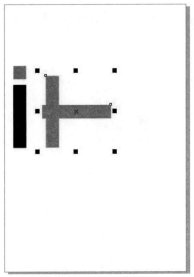

图 1-15　选中两个矩形

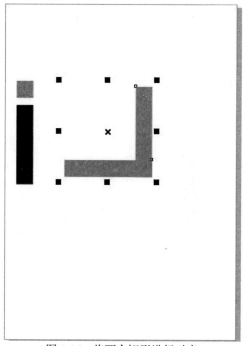

图 1-16 将两个矩形进行对齐

13. 按快捷键 **Ctrl+G** 进行组合并复制矩形，如图 1-17 所示。

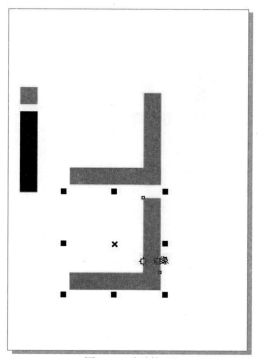

图 1-17 复制矩形

14.将矩形进行水平镜像和垂直镜像。在属性栏中单击"水平镜像"按钮和"垂直镜像"按钮，如图 1-18 所示；按住 Shift 键平行移动至合适位置，如图 1-19 ～图 1-20 所示。

图 1-18　单击"水平镜像"按钮和"垂直镜像"按钮

图 1-19　镜像效果

图 1-20　完成效果

知识链接

在菜单栏中选择"对象"→"变换"→"缩放和镜像" 🔁，快捷键 Alt+F9。

①水平镜像 🔳：从左至右翻转对象。

②垂直镜像 🔳：从上至下翻转对象。

15. 将左侧矩形进行复制和旋转并移动到右侧，然后将右侧矩形进行垂直镜像，完成效果如图 1-21 所示。

图 1-21　完成效果

16. 按快捷键 Ctrl+A 全部选中，按快捷键 Ctrl+G 进行组合并旋转图形，选中图形，在属性栏中设置旋转角度为 330.0°，如图 1-22 所示；将旋转好的图形移动到画布中间，完成效果如图 1-23 所示。

图 1-22　设置旋转角度

图 1-23　完成效果

17. 在左侧工具箱中单击"文本工具"按钮，或按快捷键 F8，在图形下方输入"新媒体 UI 设计实训群"，设置字体为方正综艺 _GBK，字体大小为 60pt，完成效果如图 1-24 所示。

图 1-24　完成效果

18. 在左侧工具箱中单击"手绘工具"下拉按钮，在出现的菜单中选择"2 点线"工具，如图 1-25 所示。

图 1-25　"2 点线"工具

19. 在文字下方绘制一条宽度为 200.0mm、高度为 0mm 的直线，在属性栏中将轮廓宽度设置为 2.0mm，如图 1-26 所示。

图 1-26　设置属性参数

20. 最终效果如图 1-27 所示。

图 1-27 最终效果

二、新媒体 LOGO 设计 2

效果欣赏

 CorelDRAW项目实战全攻略

实现过程

1. 启动 CorelDRAW 2018，按快捷键 Ctrl+N，打开"创建新文档"对话框，新建一个宽度为 210.0mm、高度为 297.0mm，纵向，页码数为 1，原色模式为 CMYK，渲染分辨率为 300 dpi，名称为"logo 设计"的文件，最后单击"确定"按钮，如图 1-28 所示。

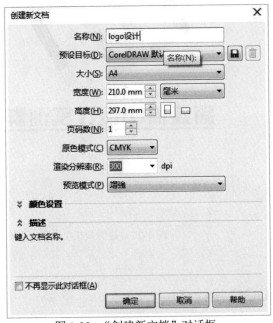

图 1-28 "创建新文档"对话框

2. 接下来绘制一个宽度为 18.0mm、高度为 18.0mm 的矩形，如图 1-29 所示；在左侧工具箱中单击"矩形工具"按钮，或按快捷键 F6，绘制矩形，如图 1-30 所示。

图 1-29 设置属性参数

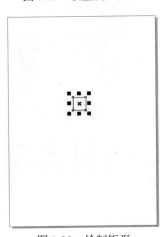

图 1-30 绘制矩形

26

3.绘制矩形完成后，在软件右侧"默认 RGB 调色板"工具中找到冰蓝色，将矩形填充颜色，如图 1-31 和图 1-32 所示。

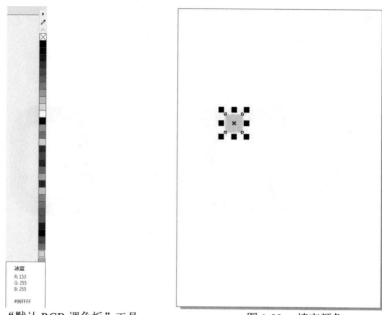

图 1-31 "默认 RGB 调色板"工具　　　　　　图 1-32 填充颜色

4.在左侧工具箱中单击"矩形工具"按钮，或按快捷键 F6，绘制一个宽度为80.0mm、高度为 105.0mm 的矩形，在属性栏中设置描边为 20.0mm，如图 1-33 所示；完成效果如图 1-34 所示。

图 1-33 设置描边

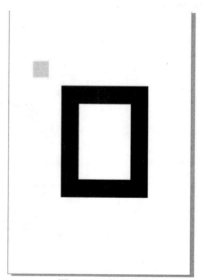

图 1-34 完成效果

5. 在左侧工具箱中单击"形状工具"按钮，或按快捷键 F10，选中矩形，鼠标左击矩形的其中一角向下拉动到合适的形状，如图 1-35 和图 1-36 所示，或在属性栏中设置圆角为 25.0mm，如图 1-37 所示。

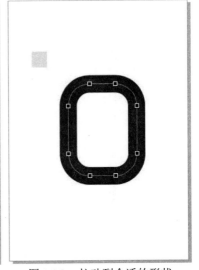

图 1-35　单击矩形的其中一角　　　　图 1-36　拉动到合适的形状

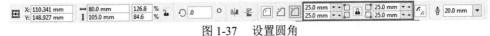

图 1-37　设置圆角

6. 切换至菜单栏，选择"对象"→"将轮廓转换为对象"选项，或按快捷键 Ctrl+Shift+Q，如图 1-38 所示；将轮廓转换为对象，如图 1-39 所示。

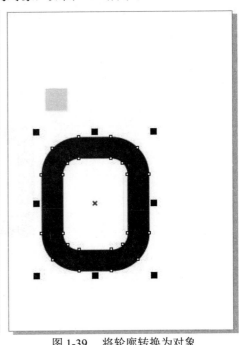

图 1-38　"将轮廓转换为对象"选项　　　图 1-39　将轮廓转换为对象

7. 在左侧工具箱中单击"矩形工具"按钮，绘制一个宽度为 50.0mm、高度为 50.0mm 的矩形，将矩形的位置移动到圆角矩形的右上角，如图 1-40 所示。

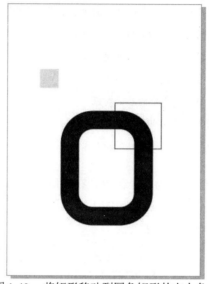

图 1-40　将矩形移动到圆角矩形的右上角

8. 绘制矩形完成后，选中圆角矩形和右上角的矩形，在属性栏中单击"移除前面对象"按钮，如图 1-41 所示；完成效果如图 1-42 所示。

图 1-41　单击"移除前面对象"按钮

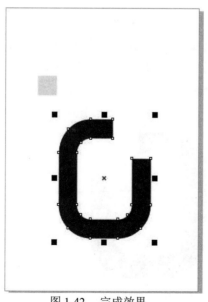

图 1-42　完成效果

知识链接

在菜单栏中选择"对象"→"造型",在出现的菜单中有如下几个选项。

①合并 ⬚：将对象合并至带有单一填充和轮廓的单一曲线对象中。

②修剪 ⬚：使用其他对象的形状剪切下图像的一部分。

③相交 ⬚：从两个或多个对象重叠的区域创建对象。

④简化 ⬚：修剪对象中重叠的区域。

⑤移除后面对象 ⬚：移除前面对象中的后面对象。

⑥移除前面对象 ⬚：移除后面对象中的前面对象。

⑦创建边界 ⬚：创建一个围绕着所选对象的新对象。

9. 将移除完成的形状继续分为两个部分,在左侧工具箱中单击"手绘工具"下拉按钮,在出现的菜单中选择"贝塞尔"工具,如图 1-43 所示。

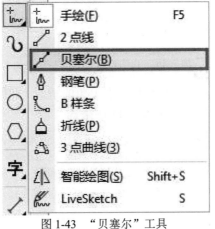

图 1-43 "贝塞尔"工具

10. 选择"贝塞尔"工具,在圆角矩形的边缘进行绘制,将鼠标移动至圆角矩形的边缘会出现"边缘"二字,如图 1-44 所示鼠标左键绘制节点,在图形的下方继续绘制节点并拖动控制柄,如图 1-45 所示。

图 1-44 移动到圆角矩形的边缘

图 1-45 绘制节点

11.将需要的部分使用钢笔工具圈住，选中图形和钢笔工具绘制好的形状，选中两个图形之后，在属性栏中单击"相交"按钮，如图1-46和图1-47所示。

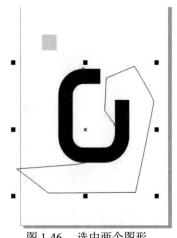

图1-46 选中两个图形

图1-47 单击"相交"按钮

12.执行完相交后，将钢笔绘制的图形删除，选中相交的部分，在左侧工具箱中单击"交互式填充工具"按钮，选中图形由上到下进行填充，颜色设置为#2D99D4、#25B4C0，如图1-48所示；另一部分由左到右进行填充，如图1-49所示。

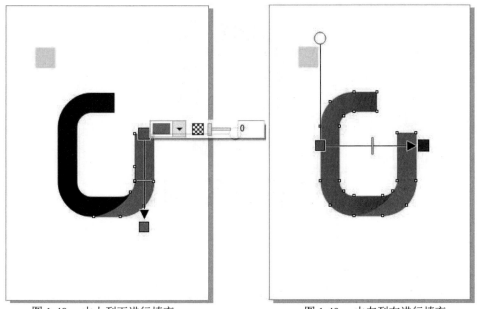

图1-48 由上到下进行填充　　　　图1-49 由左到右进行填充

13. 在左侧工具箱中单击"文本工具"按钮，或按快捷键 F8，在图形下方输入"Ui 设计实训群"，设置字体为方正综艺_GBK，字体大小为 82pt，完成效果如图 1-50 所示。

图 1-50　完成效果

14. 最终效果如图 1-51 所示。

图 1-51　最终效果

三、企业 LOGO 设计

效果欣赏

实现过程

1. 启动 CorelDRAW 2018，按快捷键 Ctrl+N，打开"创建新文档"对话框，新建一个宽度为 210.0mm、高度为 297.0mm，纵向，页码数为 1，原色模式为 CMYK，渲染分辨率为 300 dpi，名称为"标志设计"的文件，最后单击"确定"按钮，如图 1-52 所示。

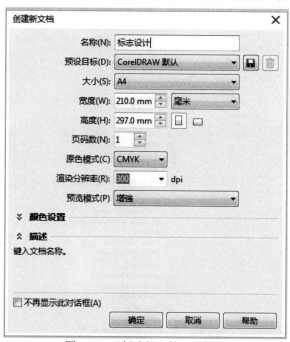

图 1-52 "创建新文档"对话框

2. 接下来绘制一个宽度为 17.0mm、高度为 17.0mm 的圆形。在左侧工具箱中单击"椭圆形工具"按钮，或按快捷键 F7，绘制圆形，如图 1-53 所示。

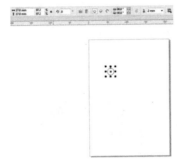

图 1-53　绘制圆形

知识链接

绘制正方形和圆形

使用矩形工具，按住 Ctrl 键，拖动左键绘制，绘制完毕，注意先松开 Ctrl 键再松开左键。

使用椭圆形工具，按住 Ctrl 键，拖动左键绘制，绘制完毕，注意先松开 Ctrl 键再松开左键。

3. 将绘制好的圆形填充颜色为 #0096DE。在菜单栏中选择"窗口"→"调色板"→"调色板编辑器"选项，如图 1-54 所示。

图 1-54　"调色板编辑器"选项

4. 打开"调色板编辑器"对话框，如图 1-55 所示，单击"添加颜色"按钮，打开"选择颜色"对话框，将模型选择为 RGB 模式，颜色设置为 #0096DE，如图 1-56 所示。

图 1-55 "调色板编辑器"对话框

图 1-56 "选择颜色"对话框

5. 选中绘制好的圆形，找到添加的颜色，鼠标左键将圆形填充颜色，如图 1-57 所示。

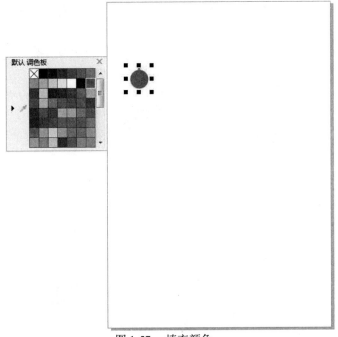

图 1-57　填充颜色

6. 使用椭圆形工具，绘制一个宽度为 150.0mm、高度为 150.0mm 的圆形，按快捷键 F12，打开"轮廓笔"对话框，将绘制好的圆形轮廓宽度设置为 17.0mm，同时把角和线条端头修改为圆角，如图 1-58 所示。

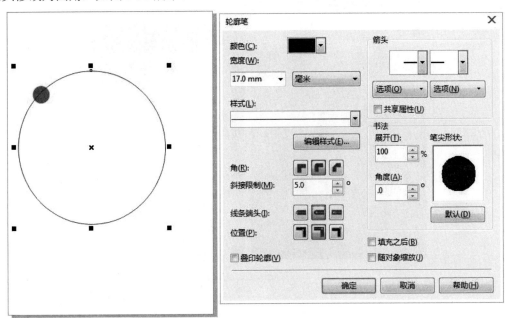

图 1-58　"轮廓笔"对话框

7. 绘制完成之后，将圆形设置结束角度为324.0°，如图1-59所示。

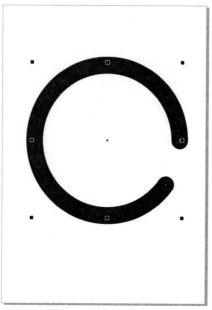

图1-59 设置结束角度

8. 旋转角度。选中圆弧，如图1-60所示，在属性栏中设置旋转角度为155.0°，如图1-61所示。

图1-60 选中圆弧

图1-61 设置旋转角度

小技巧

旋转：双击对象，按住 Ctrl 键，拖动对象上旋转柄，可按 15° 增量旋转。

9. 绘制完成之后，在左侧工具箱中单击"矩形工具"按钮，绘制一个宽度为 70.0mm、高度为 130.0mm 的长矩形，选中长矩形，在属性栏中设置编辑所有角为 50.0mm，如图 1-62 所示。

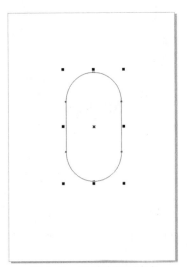

图 1-62　设置编辑所有角

10. 按快捷键 F12，打开"轮廓笔"对话框，将绘制好的矩形轮廓宽度设置为 17.0mm，如图 1-63 所示。

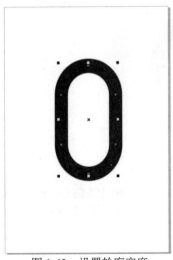

图 1-63　设置轮廓宽度

11. 调整图形。在菜单栏中选择"对象"→"将轮廓转换为对象"选项，如图 1-64 所示，将矩形转换为轮廓对象，如图 1-65 所示。

图 1-64 "将轮廓转换为对象"选项

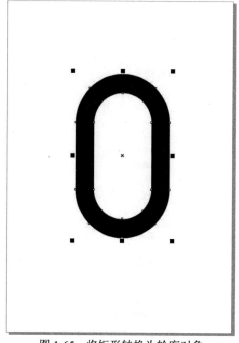

图 1-65 将矩形转换为轮廓对象

小技巧

在转换轮廓对象时，可按快捷键 Ctrl+Shift+Q 完成。

12. 在左侧工具箱中单击"矩形工具"按钮，绘制一个宽度为 130.0mm、高度为 70.0mm 的矩形，移动至长矩形上方，如图 1-66 所示。

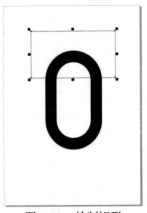

图 1-66　绘制矩形

13. 绘制完成之后，在菜单栏中选择"对象"→"造型"→"造型"选项，如图 1-67 所示。

图 1-67　"造型"选项

14. 出现"造型"对话框，在下拉菜单中选择"修剪"选项，取消"保留原始源对象"复选框的选中状态，如图 1-68 所示。

图 1-68 "造型"对话框

15. 选中矩形，单击"修剪"按钮，修剪图形，如图 1-69 所示。

图 1-69 修剪图形

16. 将修剪完成的图形和圆弧状进行焊接，单击"焊接"按钮，焊接图形，如图 1-70 所示。

图 1-70 焊接图形

小技巧

在进行焊接之前，要将所焊接的对象均转换为轮廓对象。

17. 焊接完成后，按快捷键 F11，打开"编辑填充"对话框，如图 1-71 所示。

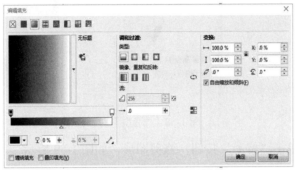

图 1-71　"编辑填充"对话框

18. 调整角度，在"变换"中设置旋转角度为 90.0°，如图 1-72 所示。

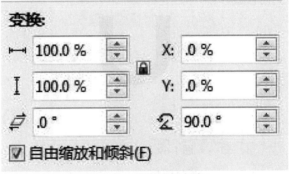

图 1-72　设置旋转角度

19. 在编辑填充左下角找到节点颜色，打开颜色编辑器，在出现的菜单中将颜色模式选择为 RGB，颜色设置为 #005294，如图 1-73 所示。

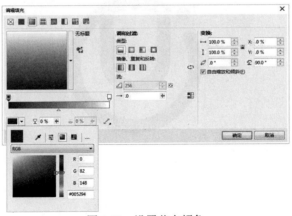

图 1-73　设置节点颜色

20. 进行另一个节点颜色编辑，颜色设置为 #00A0E9，如图 1-74 所示。

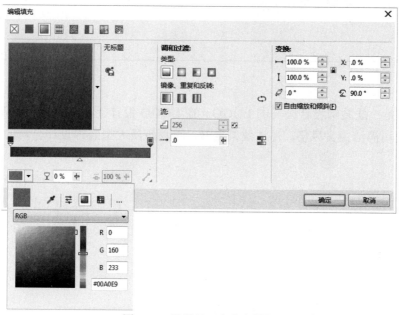

图 1-74 设置另一个节点颜色

21. 最终效果如图 1-75 所示。

图 1-75 最终效果

四、设计公司 LOGO 设计

项目导入

　　本案例是一款装饰设计公司的 LOGO。在 LOGO 设计上凸显"家"以及企业特色，该 LOGO 使用简洁主义风格，视觉效果良好，同时凸显大型装饰设计公司的文化氛围，主题醒目。

效果欣赏

实现过程

　　1. 启动 CorelDRAW 2018，按快捷键 Ctrl+N，打开"创建新文档"对话框，新建一个宽度为 210.0mm、高度为 297.0mm，纵向，页码数为 1，原色模式为 CMYK，渲染分辨率为 300dpi，名称为"明居星辰"的文件，最后单击"确定"按钮，如图 1-76 所示。

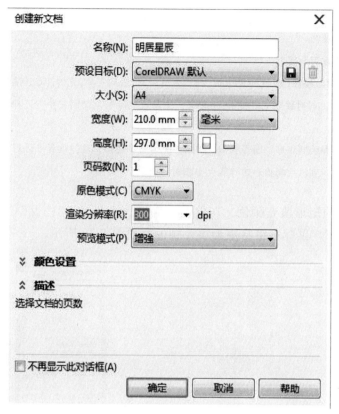

图1-76　"创建新文档"对话框

2.接下来绘制第一个矩形，宽度为6.0mm、高度为28.0mm。在左侧工具箱中单击"矩形工具"按钮，或按快捷键F6，绘制矩形，如图1-77所示。

图1-77　绘制第一个矩形

小技巧

绘制基本图形的技巧

①以起点绘制正方形和圆形。

使用矩形工具，同时按住Ctrl键和Shift键，拖动左键绘制，绘制完毕，先松开Ctrl键和Shift键再松开左键。

使用椭圆形工具，同时按住Ctrl键和Shift键，拖动左键绘制，绘制完毕，先松开Ctrl键和Shift键再松开左键。

②绘制正多边形和绘制矩形、圆形相似，但需要先右击多边形工具，设置多边形边数、形状等。

③双击矩形工具，可以绘制出和工作区大小相同的矩形。

3. 将绘制好的矩形填充颜色。在软件右侧"默认RGB调色板"工具中找到黑色，选中绘制好的矩形，鼠标左键将矩形填充颜色，如图1-78所示。

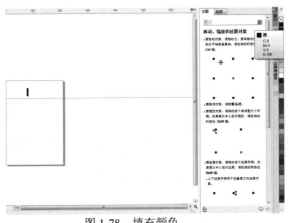

图 1-78　填充颜色

4. 使用椭圆形工具，绘制一个椭圆形，选中椭圆形，鼠标左键对椭圆形填充黑色，如图1-79所示；继续绘制一个正圆形，填充黑色并移动至椭圆形中心，如图1-80所示。

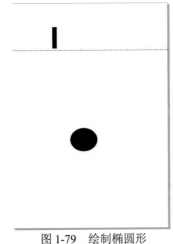

图 1-79　绘制椭圆形

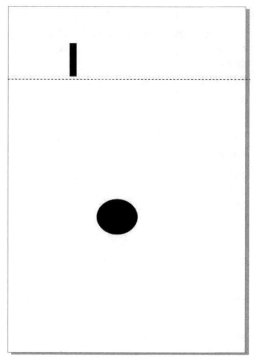

图 1-80　绘制正圆形并移动至椭圆形中心

5.使用选择工具将两个图形选中,按快捷键Ctrl+G进行组合,然后绘制一个长方形,填充黑色并移动至图形中间,如图 1-81 所示。

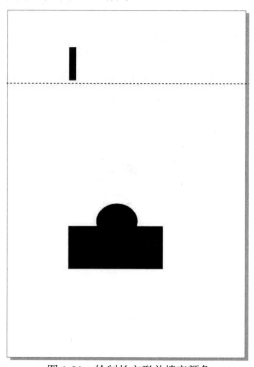

图 1-81　绘制长方形并填充颜色

6.选中两个图形，在菜单栏中选择"对象"→"造型"→"修剪"选项，如图1-82所示。

图1-82 "修剪"选项

7.单击"修剪"按钮，修剪图形，再使用选择工具将多余图形删除，如图1-83所示；将修剪好的图形移动至矩形上方，如图1-84所示。

图1-83 修剪图形

图1-84 移动至矩形上方

知识链接

①在左侧工具箱中单击"椭圆形工具"按钮，按住 Ctrl 键，绘制出一个正圆形，按快捷键 Ctrl+Shift 以中心点画正圆。

②选中圆形，出现八个控制点，按住 Shift 键不放，将鼠标放在右上角的控制点上，拉动圆形缩小至一定大小，鼠标右键松开 Shift 键。如果需要多个同心圆，则按快捷键 Ctrl+D，按一次复制一个，可多次复制。

8. 在左侧工具箱中单击"矩形工具"按钮，绘制第二个矩形，宽度为 7.0mm、高度为 22.0mm，在菜单栏中选择"窗口"→"调色板"→"调色板编辑器"选项，如图 1-85 所示。

图1-85 "调色板编辑器"选项

9. 打开"调色板编辑器"对话框，如图 1-86 所示，单击"添加颜色"按钮，打开"选择颜色"对话框，将模型选择为 RGB 模式，颜色设置为 #008CD2，如图 1-87 所示。

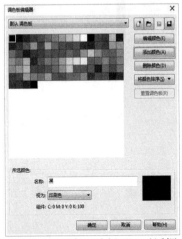

图 1-86 "调色板编辑器"对话框

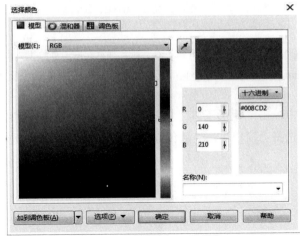

图 1-87 "选择颜色"对话框

10. 选中绘制好的矩形，鼠标左键将矩形填充颜色，如图 1-88 所示。

图 1-88 填充颜色

技术点拨

图形填色可以直接将色块拖动到物体内部，显示实心色块，如拖动到物体轮廓处边缘会显示空心色块，这就是填充的轮廓色。

11. 将矩形转换为曲线。选中图形，在菜单栏中选择"对象"→"转换为曲线"选项，或按快捷键Ctrl+Q，如图1-89所示；使用形状工具，或按快捷键Ctrl+L，调整节点，如图1-90所示。

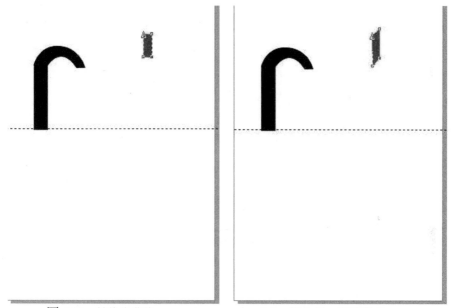

图 1-89　转换为曲线　　　　　　　　图 1-90　调整节点

12. 将调整好的矩形移动至图形上方，如图1-91所示。

图 1-91　移动至图形上方

13. 使用矩形工具，绘制第三个矩形，宽度为 8.0mm、高度为 12.0mm，颜色设置为 #E60012，如图 1-92 所示；绘制第四个矩形，宽度为 6.0mm、高度为 27.0mm，颜色设置为黑色，如图 1-93 所示。

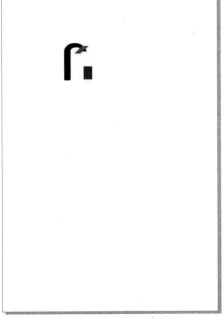

图 1-92　绘制第三个矩形

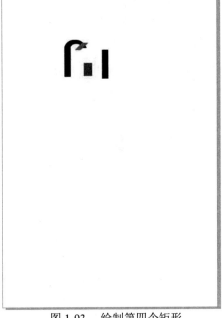

图 1-93　绘制第四个矩形

技术点拨

选中文字，按快捷键 Ctrl+L，同样可以将文字转换为曲线。

14. 绘制第五个矩形，宽度为 6.0mm、高度为 14.0mm，颜色设置为 #009646，如图 1-94 所示；绘制第六个矩形，宽度为 9.0mm、高度为 43.0mm，颜色设置为黑色，如图 1-95 所示。

图 1-94　绘制第五个矩形　　　　　　图 1-95　绘制第六个矩形

15. 将矩形下方对齐。在菜单栏中选择"查看"→"标尺"选项，或按快捷键 Ctrl+R，鼠标左键拖动标尺到需要的位置释放即可，如图 1-96 所示。

图 1-96　将矩形下方对齐

16. 绘制第七个矩形，宽度为 47.0mm、高度为 44.0mm，颜色设置为黑色，在菜单栏中选择"对象"→"变换"→"倾斜"选项，在打开的"变换"对话框中选中"倾斜"，如图 1-97 和图 1-98 所示。

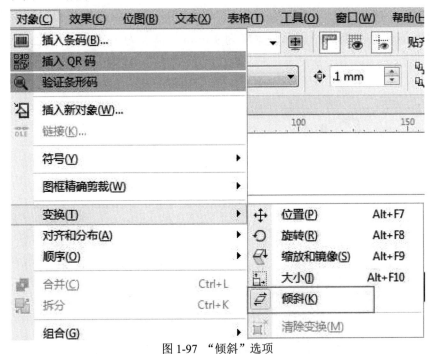

图 1-97　"倾斜"选项

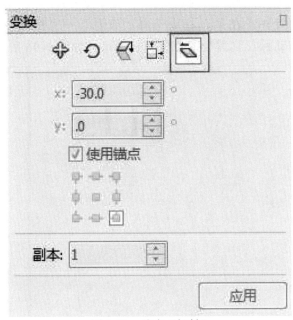

图 1-98　选中"倾斜"

小技巧

汉字倾斜效果也可以使用这种方法实现，能够精确地控制倾斜程度。

17. 输入 x 值和 y 值，选中"使用锚点"复选项，选择某一锚点，在"副本"中输入数量，如图 1-99 所示。

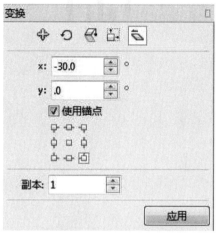

图 1-99 "变换"对话框

18. 选中矩形，在属性栏中设置旋转角度为 90°，按 Enter 键即可，如图 1-100 所示。

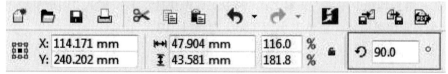

图 1-100 设置旋转角度

19. 将旋转好的矩形移动至第六个矩形上方，如图 1-101 所示。

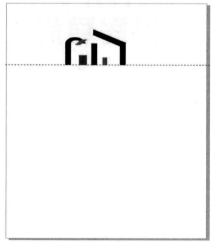

图 1-101 移动至第六个矩形上方

20. 绘制第八个矩形，宽度为 22.0mm、高度为 15.0mm，颜色设置为黑色，将矩形倾斜并放置好，如图 1-102 所示。

图 1-102　绘制第八个矩形

21. 在左侧工具箱中单击"文本工具"按钮，或按快捷键 F8，输入"明居星辰"四个字，设置字体为方正综艺简体，字体大小为 7.6pt，如图 1-103 所示。

图 1-103　输入"明居星辰"

22. 最终效果如图 1-104 所示。

图 1-104 最终效果

LOGO 设计的一些技巧

①保持简单。

②小尺寸依然完美。

③纯中文 LOGO 和纯英文 LOGO。

④单个字母 LOGO。

⑤图标高度至少是字体的两倍。

⑥避免使用圆头字体。

⑦正负形 LOGO。

⑧黄金分割 LOGO。

⑨徽章 LOGO。

⑩创造独特 LOGO。

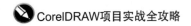

项目小结

　　在项目实现过程中，通过本案例使用 CorelDRAW 软件，设计了四款不同的 LOGO。

　　LOGO 设计需要设计人员具备一定的理论知识与实践能力，同时还要有很强的观察力和表现力。当然还需要灵活使用设计技巧，以及熟练使用设计软件。

项目 **2**

名片设计

项目目标

　　了解 CorelDRAW 软件，熟悉并掌握文件的新建、打开、保存、导入等的基本操作方法；掌握辅助线的使用方法；熟悉工具箱中选择工具、矩形工具、形状工具、椭圆形工具、2 点线工具、文本工具等的使用方法；掌握绘制简单图形；了解并熟悉对象、变换、镜像等的使用方法；熟悉旋转角度、2 点线的设置方法；熟悉编辑填充的设置方法；熟悉并掌握文字的编辑。

技能要点

　　◎熟悉并掌握文件的新建、打开、保存、导入等的基本操作方法

　　◎掌握辅助线的使用方法

　　◎熟悉工具箱中选择工具、矩形工具、形状工具、椭圆形工具、2 点线工具、文本工具等的使用方法

　　◎掌握绘制简单图形

　　◎了解并熟悉对象、变换、镜像等的使用方法

　　◎熟悉旋转角度、2 点线的设置方法

　　◎熟悉编辑填充的设置方法

　　◎熟悉并掌握文字的编辑方法

项目导入

名片，又称卡片，中国古代称名刺。名片是标示姓名及其所属组织、公司和联系方式的纸片，是新朋友互相认识，自我介绍的最快捷有效的方法，已经成为现代社会交流中不可缺少的工具。由于名片能够传达第一印象，其设计也越来越被人们重视。

本案例设计制作了一款设计公司名片的正面与背面。本案例中，设计师加入了创意性元素，将名片设计得非常个性，主题特色突出，公司 LOGO 及名称，令人印象深刻。整体设计围绕公司 LOGO 来表现。

设计公司名片设计

效果欣赏

实现过程

1. 启动 CorelDRAW 2018，按快捷键 Ctrl+N，打开"创建新文档"对话框，新建一个宽度为 91.0mm、高度为 55.00mm，横向，页码数为 1，原色模式为 RGB，渲染分辨率为 300 dpi，名称为"名片设计"的文件，最后单击"确定"按钮，如图 2-1 所示。

图 2-1 "创建新文档"对话框

2. 制作设计公司名片的正面。绘制一个宽度为 91.0mm、高度为 55.0mm 的矩形框，在左侧工具箱中单击"矩形工具"按钮，或按快捷键 F6，绘制矩形框，如图 2-2 所示。

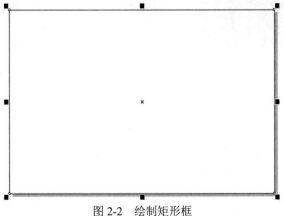

图 2-2 绘制矩形框

小技巧

当需要绘制一个和画布一样大小的矩形框时，鼠标左键双击"矩形工具"会出来一个和画布大小一样的矩形框。

3. 在菜单栏中选择"窗口"→"调色板"→"调色板编辑器"选项，打开"调色板编辑器"对话框，如图 2-3 所示，单击"添加颜色"按钮，打开"选择颜色"对话框，将模型选择为 RGB 模式，颜色设置为 #FF9A24，如图 2-4 所示。

图 2-3 "调色板编辑器"对话框

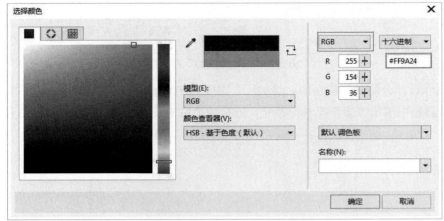

图 2-4 "选择颜色"对话框

4. 添加的颜色会显示在"默认调色板"中，在菜单栏中选择"窗口"→"调色板"→"默认调色板"选项，在软件右侧"默认调色板"工具中找到添加的颜色，选中绘制好的矩形框，鼠标左键将矩形填充颜色，如图 2-5 和图 2-6 所示。

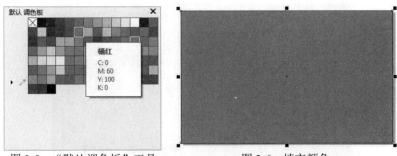

图 2-5 "默认调色板"工具   图 2-6 填充颜色

5. 导入素材 LOGO。按快捷键 Ctrl+I，打开"导入"对话框找到素材 LOGO，或者直接将素材拖入到矩形框中调整合适大小并移动至合适位置，如图 2-7 所示。

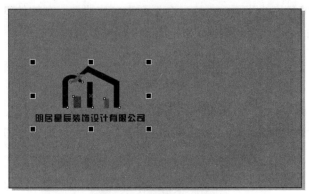

图 2-7 导入素材 LOGO

6. 在左侧工具箱中单击"文本工具"按钮，输入"李向阳 /"，设置字体为方正综艺 _GBK，字体大小为 18pt；继续输入"经理"，设置字体为方正综艺 _GBK，字体大小为 12pt，如图 2-8 所示。

图 2-8 输入文案

7. 继续使用文本工具，输入电话、地址，设置字体为方正综艺 _GBK，字体大小为 8pt、6pt，调整字间距。设计公司名片的正面完成效果如图 2-9 所示。

图 2-9 设计公司名片的正面完成效果

8. 制作设计公司名片的背面。添加一个页面为名片背面，在软件下方单击"添加页面"按钮，出现和"页1"同样尺寸的"页2"页面，如图 2-10 所示。

图 2-10 单击"添加页面"按钮

9. 在"页2"页面中绘制一个矩形框。在左侧工具箱中单击"矩形工具"按钮，或按快捷键 F6，绘制一个宽度为 91.0mm、高度为 55.0mm 的矩形框，颜色设置为 #FF9A24，如图 2-11 所示。

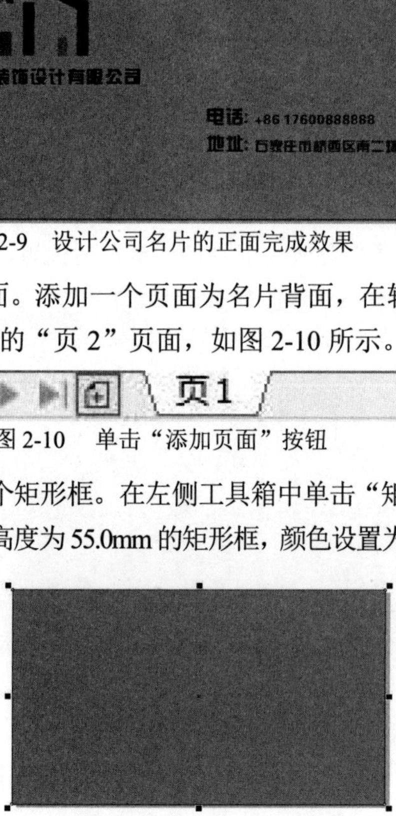

图 2-11 绘制一个矩形框

10. 在名片背面绘制三个矩形条作为装饰品。使用矩形工具，或按快捷键 F6，在名片上方绘制第一个宽度为 37.0mm、高度为 3.0mm 的矩形条，颜色设置为黑色，如图 2-12 所示；接着绘制第二个和第三个矩形条，第二个是放在名片右方的矩形条，宽度为 3.0mm、高度为 55.0mm，第三个是放在名片下方的矩形条，宽度为 37.0mm、高度为 5.0mm。三个矩形条完成效果如图 2-13 所示。

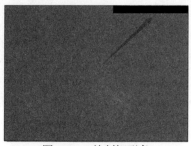

图 2-12 绘制矩形条

图 2-13　三个矩形条完成效果

11. 在第二个矩形条的中间绘制一个红色矩形条作为装饰。使用矩形工具，或按快捷键 F6，绘制一个宽度为 3.0mm、高度为 20.0mm 的矩形条，颜色设置为红色，如图 2-14 所示。

图 2-14　绘制矩形条

12. 在名片背面导入素材 LOGO。按快捷键 Ctrl+I，打开"导入"对话框找到素材 LOGO，或者直接将素材拖入到矩形框中调整合适大小并移动至合适位置。设计公司名片的背面完成效果如图 2-15 所示。

图 2-15　设计公司名片的背面完成效果

13. 最终效果如图 2-16 所示。

图 2-16　最终效果

知识链接

单张出片不说,整版彩喷,要10张套的,如果按标准规范:55mm×90mm,排版时注意,中间要留1mm的间距,用于切刀用,四周边角最好套角线,用于对准,中间上下还要一竖线,用于第一裁剪。

项目小结

在项目实现过程中,通过本案例使用 CorelDRAW 软件,设计了一款名片。

通过本项目,帮助学生掌握文件的新建、打开、保存、导入等的基本操作方法;进一步了解并熟悉工具箱中各种工具的使用方法;了解并熟悉菜单栏中一些命令的使用方法;了解并熟悉属性栏中一些命令的设置方法;进一步熟悉编辑填充的设置方法;熟悉并掌握文字的编辑;掌握绘制简单图形,自己动手设计制作名片。

项目 **3**

包装设计

项目目标

　　掌握文件的新建、打开、保存、导入等的基本操作方法；熟悉辅助线的使用方法；熟悉工具箱中矩形工具、椭圆形工具、形状工具、手绘工具、交互式填充工具、阴影工具等的使用方法；了解并熟悉对象、变换、造型、合并、修剪、缩放与镜像等的使用方法；掌握绘制简单图形的方法。

技能要点

　　◎掌握文件的新建、打开、保存、导入等的基本操作方法
　　◎熟悉辅助线的使用方法
　　◎熟悉工具箱中矩形工具、椭圆形工具、形状工具、手绘工具、交互式填充工具、阴影工具等的使用方法
　　◎了解并熟悉对象、变换、造型、合并、修剪、缩放与镜像等的使用方法
　　◎掌握绘制简单图形的方法

项目导入

　　包装设计是产品市场营销策略中最重要的元素之一。美观的包装会更加吸引消费者的目光，因此设计是提升品牌形象，提高产品附加值，促进销售的一种策略手段。

　　本项目结合实际案例和前面所学知识，旨在加深学生对包装设计的认知和理解，巩固所学知识，设计制作包装，以便胜任实际的设计工作。

一、设计公司包装设计

效果欣赏

实现过程

　　1. 启动 CorelDRAW 2018，按快捷键 Ctrl+N，打开"创建新文档"对话框，新建一个宽度为 210.0mm、高度为 297.0mm，纵向，页码数为 1，原色模式为 CMYK，渲染分辨率为 300 dpi，名称为"包装袋"的文件，最后单击"确定"按钮，如图 3-1 所示。

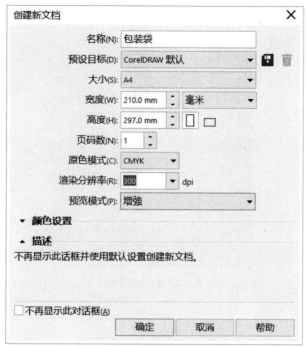

图 3-1　"创建新文档"对话框

2. 接下来绘制一个宽度为 252.0mm、高度为 252.0mm 的矩形框。在左侧工具箱中单击"矩形工具"按钮，或按快捷键 F6，绘制矩形框；选中矩形框，在软件右侧"默认 RGB 调色板"工具中找到灰色，将矩形框填充颜色，如图 3-2 所示。

图 3-2　填充颜色

3. 在灰色矩形框上继续绘制一个矩形框。使用矩形工具，绘制一个宽度为 160.0mm、高度为 225.0mm 的矩形框，如图 3-3 所示；选中矩形框，在软件右侧"默认 RGB 调色板"工具中找到黄色，将矩形框填充颜色，然后双击矩形框，调整微斜，如图 3-4 所示。

图 3-3　设置宽度和高度

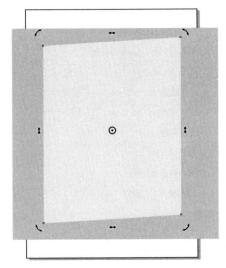

图 3-4　调整矩形框

知识链接

从中心绘制基本形状

单击要使用的绘图工具，按住 Shift 键，并将光标定位到要绘制形状中心的位置，沿对角线拖动鼠标绘制形状，松开鼠标完成绘制形状，然后松开 Shift 键。

从中心绘制边长相等的形状

单击要使用的绘图工具，同时按住 Shift 键和 Ctrl 键，并将光标定位到要绘制形状中心的位置，沿对角线拖动鼠标绘制形状，松开鼠标完成绘制形状，然后松开 Shift 键和 Ctrl 键。

4. 选中矩形框，在左侧工具箱中单击"交互式填充工具"按钮，在矩形框的右下角往上拉渐变色，设置透明度为 2，如图 3-5 所示。

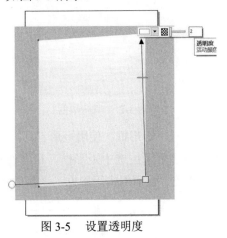

图 3-5　设置透明度

5. 使用矩形工具，绘制一个宽度为 21.0mm、高度为 214.0mm 的矩形条，切换至菜单栏，选择"对象"→"顺序"→"到图层后面"选项，或按快捷键 Shift+PgDn，将矩形条放在矩形框后面，如图 3-6 所示；选中矩形条，使用交互式填充工具，将矩形条调整为灰色到白色渐变，然后移动矩形条到矩形框后面，如图 3-7 和图 3-8 所示。

图 3-6　"到图层后面"选项

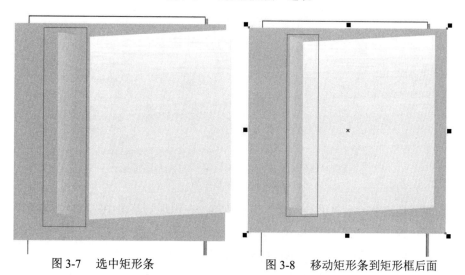

图 3-7　选中矩形条　　　　图 3-8　移动矩形条到矩形框后面

6. 继续前面步骤，绘制第一个矩形条。使用矩形工具，绘制一个宽度为218.0mm、高度为9.0mm的矩形条，切换至菜单栏，选择"对象"→"顺序"→"到图层后面"选项，或按快捷键 Shift+PgDn，将矩形条放在矩形框后面；选中矩形条，使用交互式填充工具，将矩形条调整为灰色到白色渐变效果，双击矩形条调整位置，如图 3-9 ～图 3-11 所示。

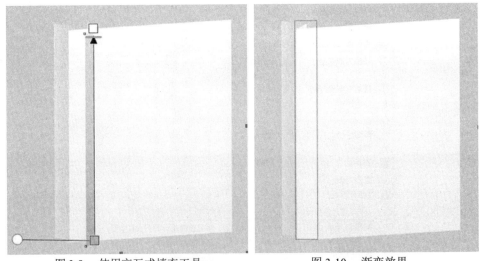

图 3-9　使用交互式填充工具　　　　　图 3-10　渐变效果

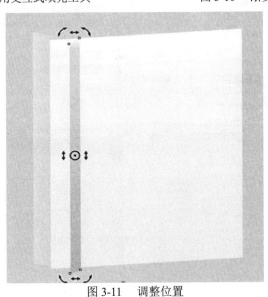

图 3-11　调整位置

7. 在左侧工具箱中单击"手绘工具"下拉按钮，在出现的菜单中选择"贝塞尔"工具，如图 3-12 所示；绘制一个三角菱形，如图 3-13 所示；使用交互式填充工具，将矩形条调整为灰黑色到金色渐变，如图 3-14 所示；切换至菜单栏，选择"对象"→"顺序"→"到图层后面"选项，或按快捷键 Shift+PgDn，将三角菱形移动至合适位置，如图 3-15 所示。

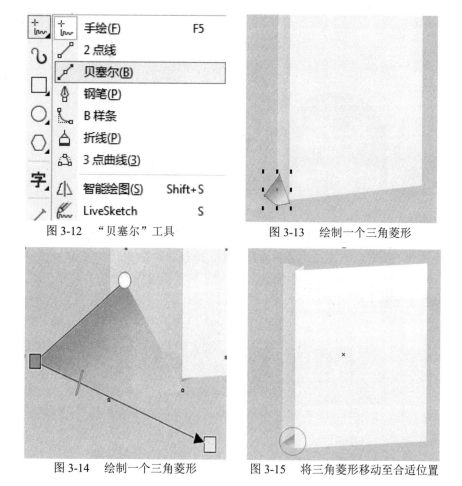

图 3-12　"贝塞尔"工具　　　　　图 3-13　绘制一个三角菱形

图 3-14　绘制一个三角菱形　　　图 3-15　将三角菱形移动至合适位置

8. 绘制第二个矩形条。使用矩形工具，绘制一个宽度为 215.0mm、高度为 10.0mm 的矩形条，切换至菜单栏，选择"对象"→"顺序"→"到图层后面"选项，或按快捷键 Shift+PgDn，将矩形条放在矩形框后面；选中矩形条，使用交互式填充工具，将矩形条调整为灰色到白色渐变，如图 3-16 所示；双击矩形条调整位置，如图 3-17 所示；完成效果如图 3-18 所示。

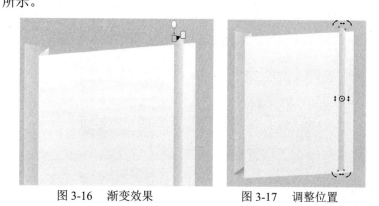

图 3-16　渐变效果　　　　　图 3-17　调整位置

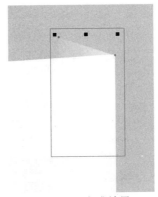

图 3-18　完成效果

9. 使用矩形工具，绘制一个宽度为 143.0mm、高度为 2.0mm 的矩形条，切换至菜单栏，选择"对象"→"顺序"→"到图层后面"选项，或按快捷键 Shift+PgDn，将矩形条放在图 3-18 后面；选中矩形条，使用交互式填充工具，将矩形条调整为灰色，并调整位置，如图 3-19 所示；完成效果如图 3-20 所示。

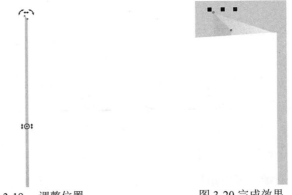

图 3-19　调整位置　　　　　　　　　　　图 3-20 完成效果

10. 使用矩形工具，绘制一个宽度为 222.0mm、高度为 158.0mm 的矩形框，切换至菜单栏，选择"对象"→"顺序"→"到图层后面"选项，或按快捷键 Shift+PgDn，将矩形框放在后面，如图 3-21 所示；选中矩形条，使用交互式填充工具，将矩形框调整为白色到灰色的渐变，并调整位置，如图 3-22 所示；完成效果如图 3-23 所示。

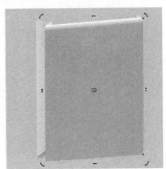

图 3-21　绘制矩形框　　　　　　　　　图 3-22　调整位置

图 3-23 完成效果

11. 在图 3-23 上使用矩形工具，绘制一个宽度为 8.0mm、高度为 9.0mm 的矩形，按快捷键 Ctrl+Q 转换为曲线，并调整矩形，如图 3-24 所示；在图 3-24 上使用矩形工具，绘制一个宽度为 9.0mm、高度为 1.0mm 的矩形，并调整矩形边角，如图 3-25 所示；按快捷键 Ctrl+G 将图 3-24 和图 3-25 进行组合，完成效果如图 3-26 所示。

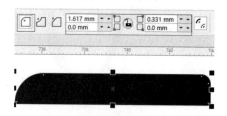

图 3-24 绘制矩形　　　图 3-25 绘制矩形并调整矩形边角　　　图 3-26 完成效果

12. 将组合的图形放在图 3-23 上并选中图形，使用阴影工具对其使用阴影效果，如图 3-27 所示；复制另一个图形并调整位置，完成效果如图 3-28 所示。

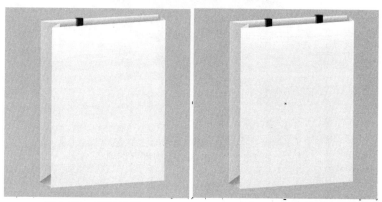

图 3-27 阴影效果　　　　　图 3-28 完成效果

13. 在上面图形的基础上，使用贝塞尔工具，绘制一段线后单击闭合，设置填充颜色为黑色，然后使用阴影工具对其使用阴影效果，完成效果如图 3-29 和图 3-30 所示。

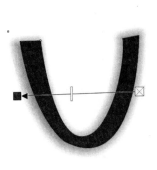

图 3-29　绘制一段线　　　　　　　图 3-30　完成效果

14. 导入素材 LOGO。按快捷键 Ctrl+I，打开"导入"对话框找到素材 LOGO，或者直接将素材拖入到矩形框中，然后选中素材，鼠标右击在出现的菜单中选择"PowerClip 内部"选项，将素材置于框内，如图 3-31 所示。

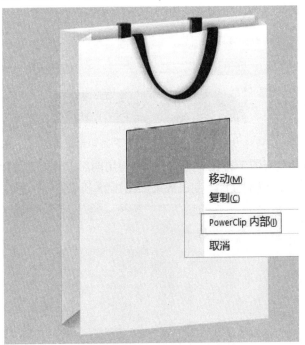

图 3-31　"PowerClip 内部"选项

15. 最终效果如图 3-32 所示。

图 3-32　最终效果

小技巧

在创建文件完毕后，明确选择所需工具，要注意 CorelDRAW 软件里面快捷键使用方法灵活运用其中，仔细灵活操作所学步骤认真完成。

二、食品类包装设计

项目导入

本案例是一款食品类包装。为突出该产品的鲜美及营养价值，设计师在设计中加入了实物图以及装饰元素，并选择绿色作为包装的主体颜色，绿色健康而又清新自然，同时采用交叉对称的排版方式，给人印象深刻。

效果欣赏

实现过程

1. 启动 CorelDRAW 2018，按快捷键 Ctrl+N，打开"创建新文档"对话框，新建一个宽度为 610.0mm、高度为 360.0mm，页码数 1，横向，原色模式为 CMYK，渲染分辨率为 300dpi，名称为"包装设计"的文件，最后单击"确定"按钮，如图 3-33 所示。

图 3-33 "创建新文档"对话框

2. 将包装正面的区域划分出来，这样侧面会自动被区分开。在菜单栏中选择"查看"→"标尺"选项，或按快捷键 Ctrl+R，显示标尺。

3. 在垂直标尺上拖出一条辅助线，并移动至 490.0mm 的位置上，如图 3-34 所示。

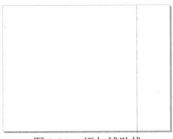

图 3-34 添加辅助线

4. 在左侧工具箱中单击"矩形工具"按钮，绘制矩形，绘制一个宽度为 310.0mm、高度为 236.0mm 的矩形框，如图 3-35 所示。

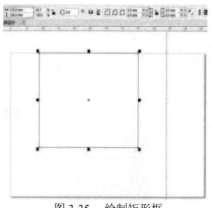

图 3-35　绘制矩形框

小技巧

①绘制矩形时按住 Shift 键不放，可以从中心绘制矩形，绘制的起始点就是矩形对角线的交点。

②绘制的同时，按住 Shift 键和 Ctrl 键可以绘制从中心开始的矩形。

③双击矩形工具，可以绘制出和页面大小相同的矩形。

5. 在菜单栏中选择"窗口"→"调色板"→"调色板编辑器"选项，如图 3-36 所示。

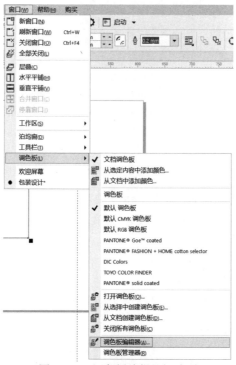

图 3-36　"调色板编辑器"选项

6.打开"调色板编辑器"对话框,如图3-37所示,单击"添加颜色"按钮,打开"选择颜色"对话框,将模型选择为 CMYK 模式,颜色设置为 #8EC330,如图3-38 所示。

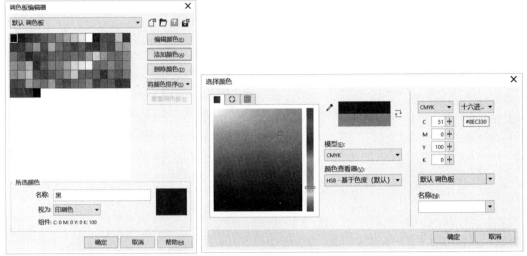

图 3-37　"调色板编辑器"对话框　　　　　图 3-38　"选择颜色"对话框

7. 选中绘制好的矩形框,鼠标左键将矩形填充颜色,如图 3-39 所示。

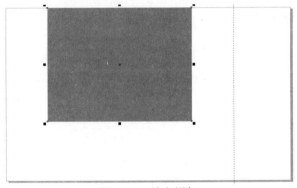

图 3-39　填充颜色

知识链接

填充矢量图形或文字:直接拖动色盘上的色块到矢量图形(文字)上,注意光标变化,当显示为实心小色块时,是对其进行标准填充,显示为空心色块时,是设置其轮廓线颜色。

另一种方法:选中要设置的矢量图形或文字,左键单击色块,是标准填充,右键单击色块,是设置轮廓线颜色。

8. 填充颜色后,将矩形框左下方与右下方的角调整为圆角,在属性栏中将四个角之间的连接解除,并调整为 30.0mm 的圆角,如图 3-40 所示。

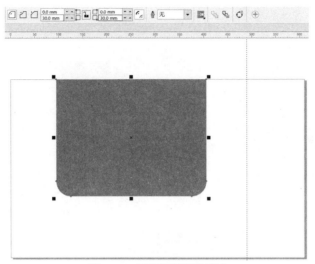

图 3-40　调整矩形框为圆角

9. 在左侧工具箱中单击"椭圆形工具"按钮，或按快捷键 F7，绘制一个宽度为 96.0mm、高度为 96.0mm 的正圆形，如图 3-41 所示；按小键盘＋键，在图形上方复制粘贴一个正圆形，按住 Shift 键移动至对称位置，如图 3-42 所示。

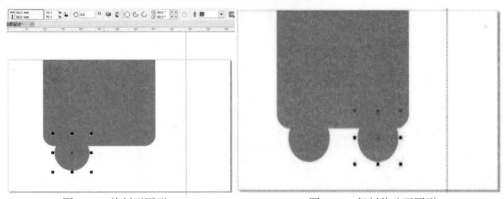

图 3-41　绘制正圆形　　　　　　　　　　图 3-42　复制移动正圆形

技术点拨

绘制圆形时按住 Shift 键不放，可以从中心绘制圆形，按住 Ctrl 键绘制正圆形，按住 Shift 键加 Ctrl 键以中心绘制正圆形。

10. 绘制一个宽度为114.0mm、高度为114.0mm 的正圆形，移动至两个圆形中间，如图 3-43 所示；按快捷键 Ctrl+Q 将圆形转换为曲线，使用形状工具，将下面的节点转换为尖突节点，如图 3-44 所示；调整路径控制柄如图 3-45 所示。

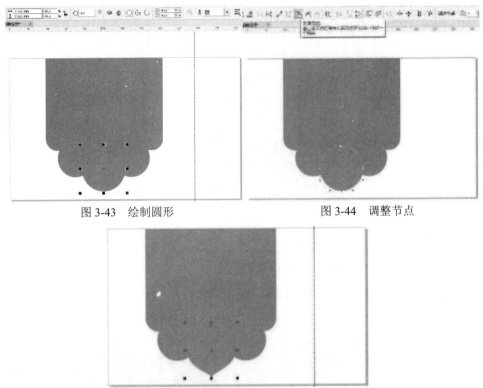

图 3-43　绘制圆形　　　　　　　　　　　图 3-44　调整节点

图 3-45　调整控制柄

11. 在左侧工具箱中单击"选择工具"按钮，选中长方形和所有圆形，切换至菜单栏，选择"对象"→"造型"→"合并"选项，将矩形合并为一个图形，如图 3-46 所示。

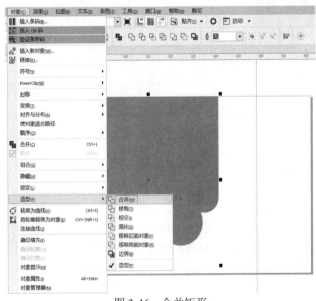

图 3-46　合并矩形

12. 按小键盘＋键，在矩形上方复制粘贴一个图形并填充为白色，设置宽度为290.0mm、高度为326.0mm，并移动至合适位置与页面对齐，如图3-47所示。

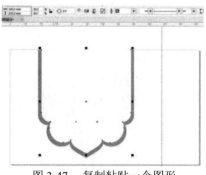

图3-47　复制粘贴一个图形

13. 在矩形中间绘制一个宽度为184.0mm、高度为184.0mm的正圆形，设置描边颜色为#8EC330，设置描边宽度为8.0mm，完成效果如图3-48所示。

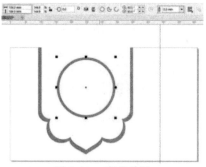

图3-48　完成效果

14. 按快捷键Ctrl+Shift+Q将绘制好的正圆形转换为图形轮廓，再绘制一个长方形的线框，并移动至图3-50正圆形中间位置，接着选中线框和圆形，切换至菜单栏，选择"对象"→"造型"→"修剪"选项，如图3-49所示，进行修剪并多次修剪，得到如图3-50所示效果。

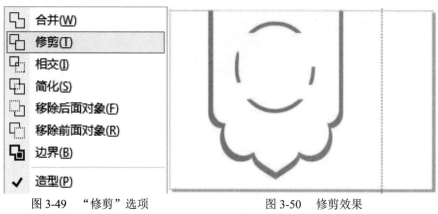

图3-49　"修剪"选项　　　　　　　　图3-50　修剪效果

15. 在左侧工具箱中单击"文本工具"按钮，或按快捷键 F8，输入"新鲜"，设置字体为方正综艺简体，字体大小为 193pt，如图 3-51 所示。

图 3-51　输入"新鲜"

16. 继续使用文本工具，输入"核桃"，设置字体为方正综艺简体，字体大小为 180pt，如图 3-52 所示。

图 3-52　输入"核桃"

17. 导入素材 1。按快捷键 Ctrl+I，打开"导入"对话框找到素材 1，或者直接将素材拖入到矩形框中调整合适大小并移动至合适位置，如图 3-53 所示。

图 3-53　导入素材 1

知识链接

CorelDRAW 的打开命令是直接打开 CDR 格式文件，而 JPG 格式文件的不能够直接打开，这时就需要用导入命令，只要能打开的都可以通过导入命令导入进来，甚至包括不能打开能识别的也可以导入。

18. 在菜单栏中选择"对象"→"变换"→"缩放和镜像"选项，或按快捷键 Alt+F9，如图 3-54 所示；选中图像，选择"水平镜像"，副本为"1"，单击"应用"按钮，如图 3-55 所示；将镜像图片移动至合适位置，如图 3-56 所示。

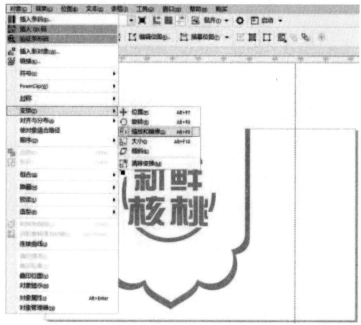

图 3-54 "缩放和镜像"选项

图 3-55 单击"应用"按钮

图 3-56　移动至合适位置

19. 导入素材 2。按快捷键 Ctrl+I，打开"导入"对话框找到素材 2，或者直接将素材拖入到矩形框中调整合适大小并移动至合适位置，如图 3-57 所示。

图 3-57　导入素材 2

20. 导入素材 3。按快捷键 Ctrl+I，打开"导入"对话框找到素材 3，或者直接将素材拖入到矩形框中调整合适大小并移动至合适位置，如图 3-58 所示。

图 3-58　导入素材 3

21. 使用椭圆形工具，或按快捷键 F7，绘制一个宽度为 28.0mm、高度为 28.0mm 的正圆形，描边颜色为 #8EC330，描边宽度为 1.0mm，如图 3-59 所示；按快捷键 Ctrl+Q 将绘制好的正圆形转换为曲线，使用形状工具将下面的节点删除，使之成为一个半圆形描边轮廓，如图 3-60 所示。

图 3-59　绘制正圆形

图 3-60　调整节点

22. 按小键盘 + 键，再使用选择工具等比缩放半圆形描边轮廓，并置于一条水平线上，如图 3-61 所示；按快捷键 Ctrl+G 将复制好的三条描边轮廓线组合，然后进行平行复制，如图 3-62 所示。

图 3-61　复制描边轮廓

图 3-62　进行平行复制

23. 使用贝塞尔工具，勾勒出一条曲线，如图3-63所示，按照上一步操作等比缩放复制，如图3-64所示；按快捷键Ctrl+G将所有描边轮廓对象组合，然后复制多组并移动至合适位置，如图3-65所示。

图3-63 勾勒出一条曲线　　　　　　　　　图3-64 等比缩放复制

图3-65 移动至合适位置

技术点拨

①使用贝塞尔工具，在窗口中选择一点并单击可确定曲线的起始点，此时拖拽鼠标节点的两边会出现由一条蓝色的控制虚线连接的两个控制点。

②将鼠标移动至下一个节点处按下并拖拽，这时在两个节点之间会出现一条曲线段，并且在第二个节点的两边同样也会出现两个控制点。

③鼠标左键拖拽调节控制点之间蓝色的虚线线段的长度和角度，可以改变曲线的方向和弯曲的程度，在控制点的调节完成后释放鼠标即可。

24. 导入素材4。按快捷键Ctrl+I，打开"导入"对话框找到素材4，或者直接将素材拖入到矩形框中调整合适大小并移动至合适位置，如图3-66所示。

图3-66　导入素材4

25.使用文本工具，或按快捷键F8，输入文案，设置字体为微软雅黑，字体大小为20pt，如图3-67所示。

图3-67　输入文案

26.使用矩形工具，或按快捷键F6，绘制一个宽度为120.0mm、高度为360.0mm的长矩形，颜色设置为#8EC330，如图3-68所示。

图3-68　绘制一个长矩形

27. 使用矩形工具，或按快捷键 F6，在长矩形上方，绘制一个宽度为 54.0mm、高度为 12.0mm 的矩形条，颜色设置为白色，将四角调整为 10.0mm 的圆角，如图 3-69 所示。

图 3-69　调整矩形条为圆角

28. 使用文本工具，或按快捷键 F8，输入"新鲜美味"，设置字体为微软雅黑，字体大小为 22pt，如图 3-70 所示。

图 3-70　输入"新鲜美味"

29. 继续使用文本工具，或按快捷键 F8，输入文案，设置字体为微软雅黑，字体大小为 12pt，如图 3-71 所示。

图 3-71　输入文案

30. 导入素材 5。按快捷键 Ctrl+I，打开"导入"对话框找到素材 5，或者直接将素材拖入到矩形框中调整合适大小并移动至合适位置，如图 3-72 所示。

图 3-72 导入素材 5

31. 导入素材 6。按快捷键 Ctrl+I，打开"导入"对话框找到素材 6，或者直接将素材拖入到矩形框中调整合适大小并移动至合适位置，如图 3-73 所示。

图 3-73 导入素材 6

32. 最终效果如图 3-74 所示。

图 3-74 最终效果

小技巧

①右击标尺，出现一个右键菜单，可以选择设置标尺、设置辅助线、设置网格等。

②设置标尺的原点：拖动水平和垂直标尺交叉处的某一位置，这就是新的标尺原点，再看标尺发生了变化。

③鼠标移动到水平或垂直标尺上，按住并拖动，会拉出一条辅助线并显示为当前对象，同样可以拉出多条辅助线，保持选中辅助线，再次单击，转动辅助线上两端双向箭头，还可以旋转辅助线。

按住 Ctrl 键，如果要精确设置其坐标，旋转角度双击它，可以在打开的对话框中精确设置；如果不合适，按 Del 键删除。

项目小结

在项目实现过程中，结合两款不同的包装，要求学生能够运用所学知识，熟练使用 CorelDRAW 软件制作符合要求的包装。

通过本项目的学习，要求学生掌握对产品包装的功能、类别、设计风格和表现形式，掌握包装设计的定位思想、设计的程序与步骤，要求经过训练能独立完成相关的包装设计。

项目 **4**

DM 宣传单设计

项目目标

　　熟悉 CorelDRAW 软件，掌握文件的新建、打开、保存、导入等的基本操作方法；熟悉工具箱中选择工具、矩形工具、形状工具，以及文本工具的使用方法；掌握绘制简单图形的方法；熟悉填充色和描边色的设置方法；掌握添加文字和编辑段落文本。

技能要点

◎掌握文件的新建、打开、保存、导入等的基本操作方法
◎熟悉工具箱中选择工具、矩形工具、形状工具，以及文本工具的使用方法
◎掌握绘制简单图形的方法
◎熟悉填充色和描边色的设置方法
◎掌握添加文字和编辑段落文本

项目导入

DM 是广告媒体中很灵活的一种形式，重点是为特定的人群制定的，其思想核心在于结果的精确衡量，也就是说，它是一种更个人化的营销手段。通过邮寄、赠送等形式，将宣传品送到消费者手中或公司。因此，DM 是区别于传统的广告刊载媒体（报纸、电视、广播、互联网等）的新型广告发布载体。传统广告刊载媒体销售的是内容，再把发行量二次销售给广告主，而 DM 则是直达目标消费者的广告通道。

本案例设计制作了一款房地产 DM 宣传单的正面与背面。正面主要采用图片及标志等元素，令视觉效果更突出；背面则采用以文字为主，辅以图片的设计技巧，使内容更丰富，信息传达更准确。

◎ 房地产 DM 宣传单设计

效果欣赏

实现过程

1. 启动 CorelDRAW 2018，按快捷键 Ctrl+N，打开"创建新文档"对话框，新建一个宽度为 21.0cm、高度为 29.7cm，纵向，页码数为 2，原色模式为 CMYK，渲染分辨率为 300 dpi，名称为"DM 单"的文件，最后单击"确定"按钮，如图 4-1 所示。

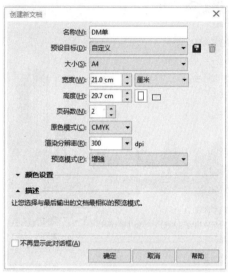

图 4-1 "创建新文档"对话框

2. 制作房地产 DM 宣传单的正面，导入素材 1。按快捷键 Ctrl+I，打开"导入"对话框找到素材 1，或者直接将素材拖入到矩形框中调整合适大小并移动至合适位置，如图 4-2 所示。

图 4-2 导入素材 1

95

小技巧

如果需要调整素材的大小，可以选中素材，按住 Shift 键可等比缩放，按 Ctrl 键可对素材的一个角进行放大放小。

3. 继续上一步操作，导入素材 2、素材 3、素材 4，如图 4-3 ～图 4-5 所示。

图 4-3　导入素材 2

图 4-4　导入素材 3

图 4-5　导入素材 4

4. 在左侧工具箱中单击"手绘工具"下拉按钮，在出现的菜单中选择"2点线"工具，绘制一条直线，将描边颜色设置为#853937，如图4-6所示；按小键盘＋键，在对象上复制、粘贴一条直线，并移动至如图4-7所示位置。

图4-6 绘制直线　　　　　　　　　　图4-7 复制直线并移动

5. 使用文本工具，输入"传世府邸 尊贵领地"，设置字体为宋体，字体大小为5pt，字体颜色为#853937，如图4-8所示。

图4-8 输入文案

6. 继续使用文本工具，输入"城市今典 期 - 某某花园"，设置字体为方圆兰黑体，字体大小为 8pt，字体颜色为 #853937，并移动至如图 4-9 所示位置；输入"3"，设置字体为 Bell MT，字体大小为 28pt，字体颜色为 #853937，并移动至如图 4-10 所示位置。

图 4-9 输入文案 1　　　　　　　　　　图 4-10 输入文案 2

7. 使用矩形工具，绘制一个宽度为 17.0cm、高度为 7.0cm 的矩形，如图 4-11 所示。

图 4-11 绘制矩形

技术点拨

①绘制矩形时按住 Shift 键不放，可以从中心绘制矩形，绘制的起始点就是矩形对角线的交点。

②绘制的同时，按住 Shift 和 Ctrl 键可以绘制从中心开始的矩形。

③双击矩形工具，可以绘制出和工作区大小相同的矩形。

8. 在菜单栏中选择"窗口"→"调色板"→"调色板编辑器"选项，如图 4-12 所示。

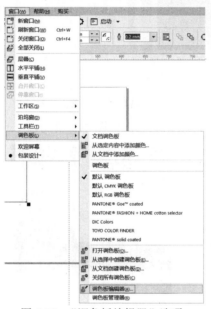

图 4-12 "调色板编辑器"选项

9. 打开"调色板编辑器"对话框，如图 4-13 所示，单击"添加颜色"按钮，打开"选择颜色"对话框，将模型选择为 CMYK 模式，颜色设置为 #FDE8CD，如图 4-14 所示。

图 4-13 "调色板编辑器"对话框

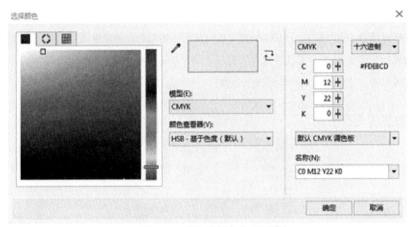

图 4-14 "选择颜色"对话框

10. 选中绘制好的矩形，填充颜色，如图 4-15 所示。

图 4-15 填充颜色

11. 使用矩形工具，绘制一个宽度为 16.4cm、高度为 6.5cm 的矩形，将描边颜色设置为 #DFA979，如图 4-16 所示。

图 4-16 绘制矩形

12. 分别从页面左侧和上方拖拽出一条垂直辅助线和水平辅助线置于页面，使用文本工具，输入"传世府邸 尊贵领地"，设置字体为宋体，字体大小为 12pt，字体颜色为 #853937，并移动至如图 4-17 所示位置。

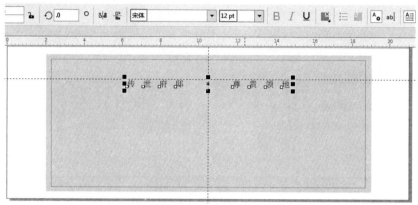

图 4-17 输入文案

13. 导入素材 5。按快捷键 Ctrl+I，打开"导入"对话框找到素材 5，或者直接将素材拖入到矩形框中调整合适大小并移动至如图 4-18 所示位置。

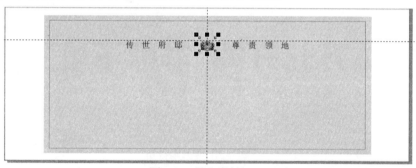

图 4-18 导入素材 5

14. 使用文本工具，输入"万元开降 非你不价"，设置字体为微软雅黑，字体大小为 48pt，字体颜色为 #C42935，如图 4-19 所示。

图 4-19 输入文案

15. 使用文本工具，输入【年中钜惠" "特价房 /㎡】，设置字体为微软雅黑，字体大小为22pt，字体颜色为#853937，并移动至如图4-20所示位置。

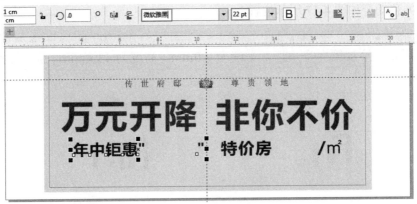

图4-20 输入文案

16. 导入素材6、素材7。按快捷键Ctrl+I，打开"导入"对话框找到素材6、素材7，或者直接将素材拖入到矩形框中调整合适大小并移动至合适位置，如图4-21和图4-22所示。

图4-21 导入素材6

图4-22 导入素材7

17. 使用2点线工具，绘制一条直线，将描边颜色设置为#DFA979，如图4-23所示；复制直线，如图4-24所示。

图 4-23 绘制直线

图 4-24 复制直线

18. 导入素材 8。按快捷键 Ctrl+I，打开"导入"对话框找到素材 8，或者直接将素材拖入到矩形框中调整合适大小并移动至合适位置，完成效果如图 4-25 和图 4-26 所示。

图 4-25 导入素材 8

图 4-26 完成效果

19. 使用文本工具，输入"CLASSICHOUS""NOBLEHOUSEAE"，设置字体为微软雅黑，字体大小为 6pt，字体颜色为 #DFA979，并移动至如图 4-27 和图 4-28 所示位置。

图 4-27　输入文案 1

图 4-28　输入文案 2

20. 导入素材 9，按快捷键 Ctrl+I，打开"导入"对话框找到素材 9，或者直接将素材拖入到矩形框中调整合适大小并移动至如图 4-29 所示位置。

图 4-29　导入素材 9

21. 使用文本工具，输入"现房"，设置字体为微软雅黑，字体大小为18pt，字体颜色为#FDE8CD，并移动至如图4-30所示位置；将字体旋转角度设置为16°，如图4-31所示。

图4-30 输入文案

图4-31 旋转角度

22. 继续使用文本工具，输入"热售中"，设置字体为微软雅黑，字体大小为12pt，字体颜色为#FDE8CD，并移动至如图4-32所示位置；将字体旋转角度设置为16°，如图4-33所示。

图4-32 输入文案

图 4-33　旋转角度

23. 使用矩形工具，绘制一个宽度为 17.4cm、高度为 1.5cm 的矩形，将描边颜色设置为 #853937，并移动至如图 4-34 所示位置。

图 4-34　绘制矩形

24. 使用文本工具，输入 "HOTLINE"，设置字体为 Arial，字体大小为 6pt，字体颜色为 #853937，如图 4-35 所示。

图 4-35　输入文案

25. 使用文本工具，输入"热线电话"，设置字体为微软雅黑，字体大小为7pt，字体颜色为#853937，如图4-36所示。

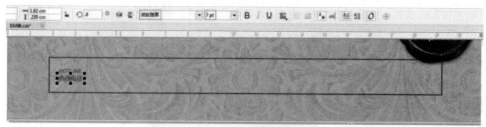

图4-36 输入文案

26. 导入素材10，按快捷键Ctrl+I，打开"导入"对话框找到素材10，或者直接将素材拖入到矩形框中调整合适大小并移动至合适位置，如图4-37所示。

图4-37 导入素材10

27. 使用文本工具，输入"0000-12345678 / 133"，设置字体为宋体，字体大小为18pt，字体颜色为#853937，如图4-38所示。

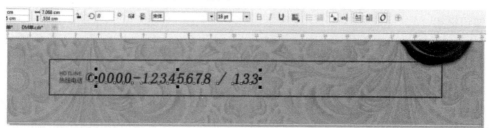

图4-38 输入文案

28. 继续使用文本工具，输入"项目地址：石家庄市桥西区南二环西路999号""营销中心：石家庄市桥西区南二环西路888号""开发商：某某置业有限公司"，设置字体为微软雅黑，字体大小为6pt，字体颜色为#853937，并分别移动至如图4-39所示位置。

图4-39 输入文案

29. 房地产 DM 宣传单的正面完成效果如图 4-40 所示。

图 4-40　房地产 DM 宣传单的正面完成效果

30. 制作房地产 DM 宣传单的背面。单击软件底部"页 2"按钮，作为 DM 宣传单的背面，如图 4-41 所示。

图 4-41　"页 2"新文档

知识链接

在工作区底部，状态栏上面，有一个"页面"标签，右击会出现一个右键菜单，可以重命名页面，在此页面之前，之后插入页面，切换页面方向（横向和纵向），更改页面尺寸。

31. 使用矩形工具，绘制一个与文件框同样大小的白色矩形作为底块，完成之后，在其基础上绘制一个宽度为 19.5cm、高度为 28.8cm 的矩形，颜色设置为 #FDE8CD，如图 4-42 所示。

图 4-42　绘制矩形

32. 使用矩形工具，绘制一个宽度为 19.0cm、高度为 28.0cm 的矩形框，颜色设置为白色，将描边颜色设置为 #D7A861，如图 4-43 所示。

图 4-43 绘制矩形框

33. 添加顶部文案。使用文本工具，输入【喜迎"双节""价"给你 我愿意】，设置字体为方正兰亭黑简体，字体大小为 16pt，字体颜色为深红色，并移动至顶部居中位置；使用文本工具，输入【特价房 /m²，活动期间直接优惠一万元】，设置字体为微软雅黑、粗体，字体大小为 24pt，字体颜色为红色；导入素材 7，移动至"特价房"后面并顶部居中。文案完成效果如图 4-44 所示。

图 4-44 文案完成效果

34. 导入素材花纹。按快捷键 Ctrl+I，打开“导入”对话框找到素材花纹，或者直接将素材拖入到矩形框中调整合适大小并移动至合适位置，如图 4-45 所示。

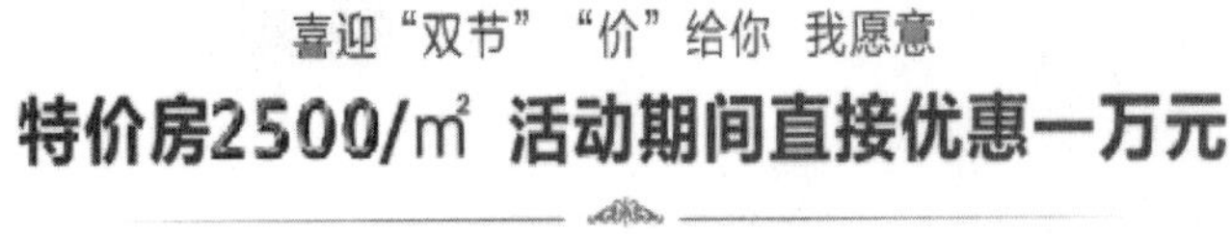

喜迎“双节” “价”给你 我愿意
特价房2500/㎡ 活动期间直接优惠一万元

图 4-45 导入素材花纹

35. 制作标题矩形条，使用矩形工具，绘制一个宽度为 8.0cm、高度为 0.6cm 的矩形，颜色设置为深红色；继续导入素材花纹 2，复制一个并设置旋转角度为 180°，置于矩形左右，按快捷键 Ctrl+G 进行组合；同样按照这方法，制作三个矩形条；使用文本工具，输入文案并设置字体、字体大小和字体颜色；导入素材 11 ～ 16，在文字较多的情况下，想让 DM 单看上去整洁不乱，可以左右编排，完成效果如图 4-46 所示。

喜迎“双节” “价”给你 我愿意
特价房2500/㎡ 活动期间直接优惠一万元
上风上水 成就传师府邸
景观生活 极致享受
温馨生活 享受从容
舒适安全 物业先行

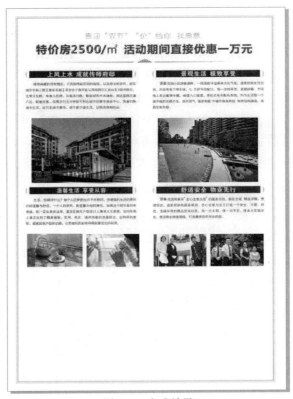

图 4-46 完成效果

说明

本案例中的文案和素材可根据具体实际文字信息添加；字体和字体大小、字体颜色也可自行设置，在这里不详细讲解。

小技巧

①对于文字较多的情况下，可使用文本工具，单击鼠标绘制文本框进行相关操作。

②使用选择工具，选定全部文本，单击"编辑"→"全选"→"文本"。

36. 使用矩形工具，绘制一个宽度为18.0cm、高度为5.6cm的矩形框，颜色设置为#FDE8CD；导入素材17，作为矩形的轮廓装饰，如图4-47所示。

图4-47 绘制矩形框并导入素材17

37. 导入素材18～21，将素材以左右的方式移动至矩形框中，如图4-48所示；使用文本工具，输入文案，完成效果如图4-49所示。

图4-48 导入素材18～21

图 4-49 完成效果

38. 最后，绘制一个宽度为 17.3cm、高度为 1.5cm 的矩形框，将描边颜色设置为 #5D1311；使用文本工具，输入文案并设置字体、字体大小和字体颜色，并移动至左右位置。房地产 DM 宣传单的背面完成效果如图 4-50 所示。

图 4-50　房地产 DM 宣传单的背面完成效果

39. 最终效果如图 4-51 所示。

图 4-51 最终效果

小技巧

排版时少用图片，尽量少用位图图片。另外，如果不是必须，没必要做一比一的大小，尽量控制文件尺寸。小图片，没必要用高像素或大尺寸，10cm 以内的 JPG 图像控制在 200 kB 以下就可以印刷了。

知识链接

宣传单、宣传折页和散页

①宣传单：宣传单的规格通常是由正反面彩色印刷而制成。

一年中的主要节令是制作宣传单的好时机，如商品降价特卖、限时抢购、抽奖、试吃等活动，是商场重要的促销方式。而超市以宣传单形式作为商店周期性的主要促销手段。

②宣传折页：是指四色印刷机彩色印刷的单张彩页。

以传媒为基础的纸质的宣传流动广告，宣传折页自成一体，无须借助于其他媒体，不受其他媒体的宣传环境、公众特点、信息安排、版面、印刷、纸张等各种限制，又称为"非媒介性广告"。像书籍装帧一样，既有封面的完整，又有内容的完整。宣传折页的纸张、开本、印刷、邮寄和赠送对象等都具有独立性。正因为宣传折页具有针对性强和独立的特点，所以要充分让它为商品广告宣传服务，应当从构思到形象表现、从开本到印刷、纸张都提出高要求，让消费者爱不释手。精美的宣传折页，同样会被长期保存。

③散页：散页更多被用于装订。

使用热融装订机时装订时，一定要将文件整理整齐方可放入封套内，否则装订的文件会参差不齐；封套加热完毕后，需用手稍微整理固定一下热胶，这样装订的文件非常整齐；刚加热完毕切忌立即翻动文件，易造成散页，待胶条冷却凝固后方能翻动。

项目小结

在项目实现过程中，通过本案例使用 CorelDRAW 软件，设计了一款 DM 宣传单。

通过本项目，帮助学生熟悉 CorelDRAW 软件；熟悉并掌握创建新文档、导入素材、绘制矩形框、编辑颜色和添加颜色、添加文字和编辑段落等操作技巧。了解 DM 宣传单，熟悉 CorelDRAW 软件，熟练运用所学知识，自己动手设计制作 DM 宣传单。

项目 **5**

折页设计

项目目标

进一步熟悉 CorelDRAW 软件，熟悉工具箱中选择工具、矩形工具、椭圆形工具、手绘工具、文本工具等的使用方法；熟悉对象、组合、造型、镜像等的使用方法；熟悉旋转角度的设置方法；熟悉添加颜色和编辑颜色的方法；熟悉文本的编排；掌握绘制简单图形的方法。

技能要点

◎熟悉工具箱中选择工具、矩形工具、椭圆形工具、手绘工具、文本工具等的使用方法

◎熟悉对象、组合、造型、镜像等的使用方法

◎熟悉旋转角度的设置方法

◎熟悉添加颜色和编辑颜色的方法

◎熟悉文本的编排

◎掌握绘制简单图形的方法

项目导入

设计三折页需要抓住商品的特点,以定位的方式、艺术的表现吸引消费者,色彩强烈而醒目,还要做到图文并茂,色彩相对柔和,方便阅读。对于设计复杂的图文,则要讲究排列的秩序性,并突显重点。不过,整体设计都要统一风格,围绕一个主题进行阐述。设计时,需要确定折页方式。目前常见的折页方式有平行折页、垂直折页、混合折页和特殊折页等。平行折页和特殊折页多用于折叠长条形的印刷品的设计,如广告、说明书、地图、书贴中的表和插图等;垂直折页常用于书刊的内页设计;混合折页适用于 3 折 6 页或 3 折 9 页等形式的书贴。

本案例设计制作了一款三折页的正面与背面。为将三折页表现得备受瞩目,设计师在设计中加入了底纹、图片等装饰元素,将三折页设计得更加个性,并放置公司 LOGO 及公司宣传语以引人注目。

三折页设计

效果欣赏

实现过程

1. 启动 CorelDRAW 2018，按快捷键 Ctrl+N，打开"创建新文档"对话框，新建一个宽度为 303.0mm，高度为 216.0mm，横向，页码数为 1，原色模式为 CMYK，渲染分辨率为 300 dpi，名称为"三折页"的文件，最后单击"确定"按钮，如图 5-1 所示。

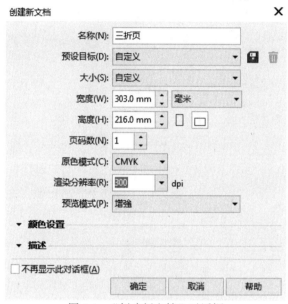

图 5-1 "创建新文档"对话框

知识链接

三折页尺寸

大尺寸：417mm×280mm（A3），折后尺寸：140mm×140mm×137mm，最后一折小一点，以免折的时候偏位而拱起。

小尺寸：297mm×210mm（A4），折后尺寸：100mm×100mm×97mm。

设计时都是连着设计，四周各多出 3mm 作出血位，三折页连着设计时从左到右第二折也就是中间的这一折是封底，第三折也就是右边的这一折为封面，最左边的一折一般印公司简介，反面的三折都印产品内容。

分辨率都在 300dpi，若图片不大 250dpi 也可以。

可以使用 Illustrator 软件或 CorelDRAW 软件进行文字排版；可以使用 Photoshop 软件处理图片，使用 Photoshop 软件也可以完成上述内容，只是文字在 Photoshop 软件里排版不太方便。

2. 制作三折页的正面。使用矩形工具，绘制一个宽度为 203.0mm、高度为 216.0mm 的矩形，如图 5-2 所示。

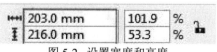

图 5-2 设置宽度和高度

3. 在菜单栏中选择"窗口"→"调色板"→"调色板编辑器"选项，如图 5-3 所示。

图 5-3 "调色板编辑器"选项

4. 打开"调色板编辑器"对话框，如图 5-4 所示，单击"编辑颜色"按钮，打开"选择颜色"对话框，将模型选择为 CMYK 模式，颜色设置为 #FEFEFE，如图 5-5 所示。

图 5-4 "编辑颜色"按钮

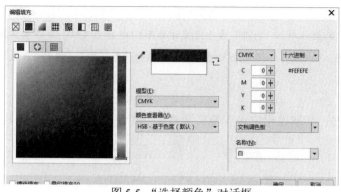

图 5-5 "选择颜色"对话框

5. 选中绘制好的矩形，找到添加的颜色，鼠标右键对矩形块进行填充颜色；使用矩形工具，绘制一个宽度为 88.0mm、高度为 194.0mm 的矩形，填充颜色为 #A27639，如图 5-6 所示。

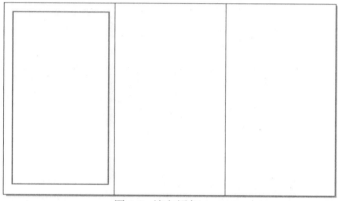

图 5-6 填充颜色

6. 导入素材 1。按快捷键 Ctrl+I，打开"导入"对话框找到素材 1，或者直接将素材拖入到矩形框中调整合适大小并移动至合适位置，如图 5-7 所示。

图 5-7 导入素材 1

知识链接

在 CorelDRAW 软件中，"打开"命令是直接打开 CDR 格式文件，并不能直接打开 JPG 格式文件，这就需要用到"导入"命令，只要能打开的文件都可以通过导入命令，包括不能打开但能识别的文件也可以导入。

7. 选中素材，在属性栏中设置旋转角度为 90°，完成效果如图 5-8 和图 5-9 所示。

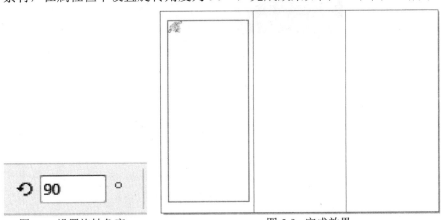

图 5-8 设置旋转角度　　　　　　　　　　　　图 5-9 完成效果

8. 选中素材，在菜单栏中选择"对象"→"PowerClip"→"置于图文框内部"选项，如图 5-10 所示；然后会看到鼠标变成一个横向粗箭头，将粗箭头移动至图形空白处置于框内，完成效果如图 5-11 所示。

图 5-10 "置于图文框内部"选项

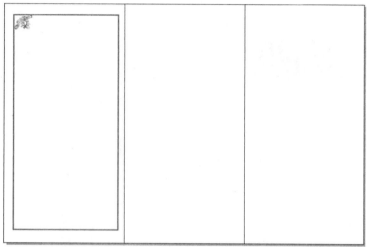

图 5-11 完成效果

9. 重复第 6 ~ 8 步骤，并设置旋转角度，完成效果如图 5-12 所示。

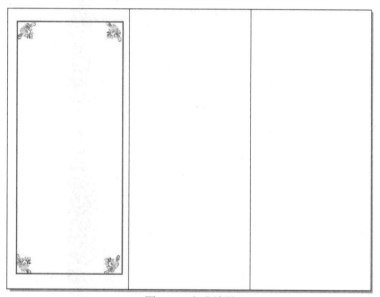

图 5-12 完成效果

知识链接

图文框精确剪裁，将文本或图形放到一个容器中，使图形保持在容器范围内且形状变为容器的形状，这个容器必须是矢量图形或者外框才可以置入。

10. 导入素材 2。按快捷键 Ctrl+I，打开"导入"对话框找到素材 2，或者直接将素材拖入到矩形框中调整合适大小并移动至合适位置，如图 5-13 所示。

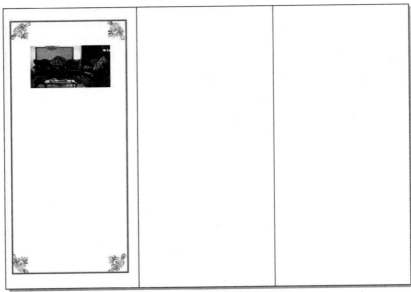

图 5-13 导入素材 2

11. 导入素材 3。按快捷键 Ctrl+I，打开"导入"对话框找到素材 3，或者直接将素材拖入到矩形框中调整合适大小并移动至合适位置，如图 5-14 所示。

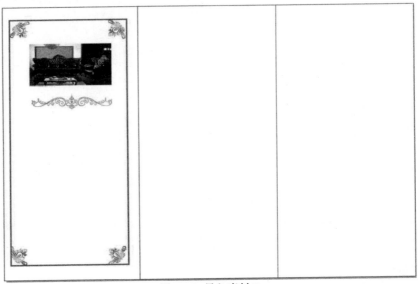

图 5-14 导入素材 3

12. 使用文本工具，输入"公司简介"，设置字体为微软雅黑，字体大小为 12pt，如图 5-15 所示。

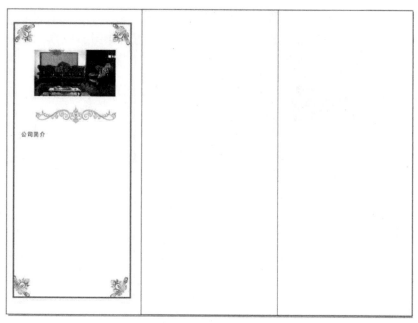

图 5-15　输入"公司简介"

13. 使用文本工具，输入公司简介文案，设置字体为黑体，字体大小为 10.5pt，如图 5-16 所示。

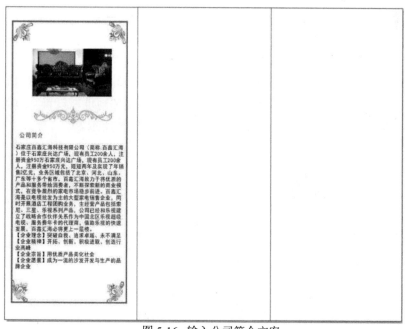

图 5-16　输入公司简介文案

14. 导入素材 LOGO。按快捷键 Ctrl+I，打开"导入"对话框找到素材 LOGO，或者直接将素材拖入到矩形框中调整合适大小并移动至合适位置，如图 5-17 所示。

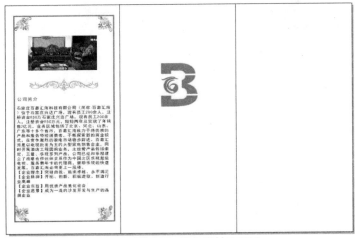

图 5-17 导入素材 LOGO

知识链接

①美术字（适用于标题等少量文字），使用文本工具创建插入点，直接输入文字并进行相应编辑，换行需要按 Enter 键。

②段落文本（适合段落文本），使用文本工具按住拖动绘制出文本框，在文本框内自动换行。

15. 使用文本工具，输入"时尚简约 精品家居"，设置字体为微软雅黑，字体大小为 16pt，字体颜色为黑色；输入"SIMPLE FASHION BOLMQUE HOUSE HOLD"，设置字体为 Arial，字体大小为 8pt，字体颜色为黑色；输入电话和地址，设置字体为黑体，字体大小为 8pt，字体颜色为黑色，移动至合适位置，如图 5-18 所示。

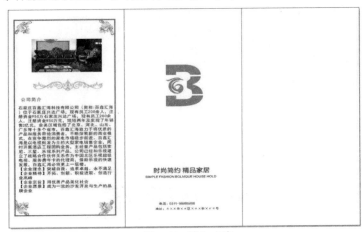

图 5-18 输入文案

16. 将前面绘制好的图形置于框内右上方并导入素材4，或者直接将素材拖入到矩形框中调整合适大小并移动至合适位置，如图5-19所示。

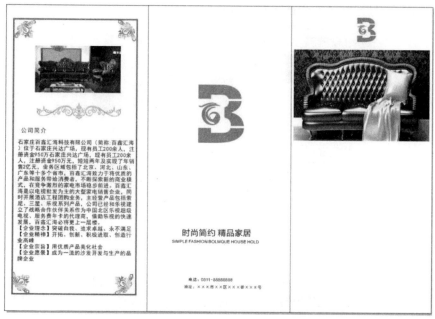

图 5-19 导入素材 4

17. 使用文本工具，输入"专业制造欧式家具"，设置字体为方正综艺简体，字体大小为24pt，字体颜色为黑色，如图5-20所示。

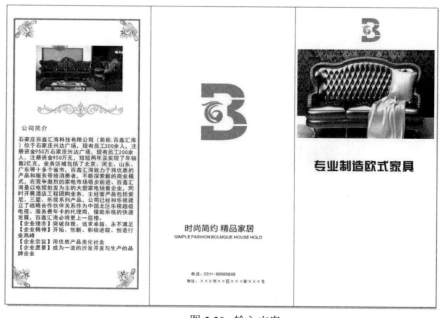

图 5-20 输入文案

18. 导入素材 5。按快捷键 Ctrl+I，打开"导入"对话框找到素材 5，或者直接将素材拖入到矩形框中调整合适大小并移动至合适位置，如图 5-21 所示；使用椭圆形工具，绘制第一个正圆形，继续绘制第二个正圆形，如图 5-22 所示。

图 5-21　导入素材 5

图 5-22　绘制圆形

19. 按快捷键 Ctrl+D 再制正圆形，并调整合适大小，如图 5-23 所示。

图 5-23　再制正圆形

20. 使用选择工具，选中圆形，按 Shift 键加选至圆形全部选中，鼠标右击组合对象，如图 5-24 所示。

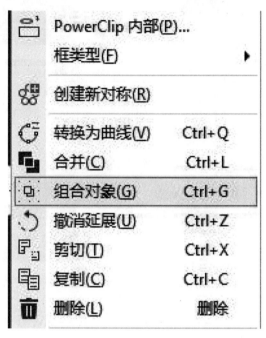

图 5-24 组合对象

21. 复制图形移动至合适位置。选中图形，在属性栏单击"水平镜像"按钮和"垂直镜像"按钮，如图 5-25 所示；镜像效果如图 5-26 所示。

图 5-25 单击"水平镜像"按钮和"垂直镜像"按钮　　　　图 5-26 镜像效果

知识链接

再制对象指的是将对象按一定的方式复制为多个对象，此种复制是复制的复制，再制不仅可以节省复制的时间，再制间距还可以保证复制效果。

22. 导入素材 6。按快捷键 Ctrl+I，打开"导入"对话框找到素材 6，或者直接将素材拖入到矩形框中调整合适大小并移动至合适位置，如图 5-27 所示；使用文本工具，输入文案，设置字体为黑体，字体大小为 11pt，字体颜色为黑色，并调整文本对齐为居中，或按快捷键 Ctrl+E，完成效果如图 5-28 所示。

图 5-27　导入素材 6

图 5-28　完成效果

知识链接

如果文本框下部中间的小方框是空心的则表示这段文字已结束；如果小方框里带一个向下的小三角，表示这段文字还有一些内容隐藏起来了。

23. 继续导入素材 6，调整合适大小并移动至合适位置，然后设置旋转角度为 -180°，如图 5-29 所示。

图 5-29　导入素材 6

24. 在左侧工具箱中单击"手绘工具"下拉按钮，在出现的菜单中选择"2点线"工具，如图 5-30 所示；使用 2 点线工具，鼠标左键拖动同时按住 Shift 键绘制直线，填充颜色为白色，将粗细改为 0.5mm，然后绘制一条直线，如图 5-31 所示。

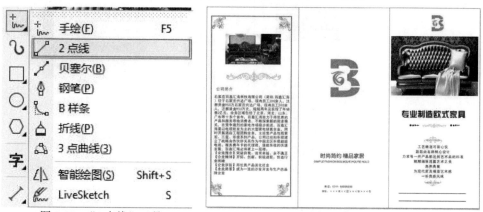

图 5-30 "2点线"工具   图 5-31 绘制直线

25. 使用文本工具，输入文案，设置字体为黑体，字体大小为 14pt，字体颜色为黑色。正面完成效果如图 5-32 所示。

图 5-32 正面完成效果

知识链接

按快捷键 Ctrl+Shift+> 或 Ctrl+Shift+<，可以对字间距进行微调。

26. 制作三折页的背面。在文档页面添加页面"页2",如图5-33所示。

图 5-33　添加页面

知识链接

文档页面选项栏:是对编辑文件进行页面切换的,若文件有多页,可以快速点击下面切换,对页面进行添加、删除、切换等操作。

27. 在"页2"内绘制一个宽度为308.0mm、高度为216.0mm的矩形,颜色设置为#ECE7C9,如图5-34所示。

图 5-34　绘制矩形

28. 绘制一个宽度为 83.0mm、高度为 185.0mm 的矩形框，如图 5-35 所示。

图 5-35　绘制矩形框

29. 将绘制好的矩形框，设置轮廓宽度为 0.75mm，填充轮廓色为 #7C633B，如图 5-36 所示。

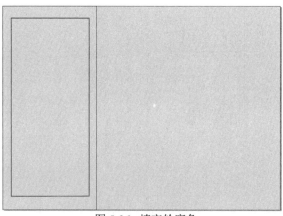

图 5-36　填充轮廓色

30. 继续绘制一个宽度为 83.0mm、高度为 185.0mm 的矩形，设置轮廓宽度为 0.5mm，填充轮廓色为 #7C633B，如图 5-37 所示。

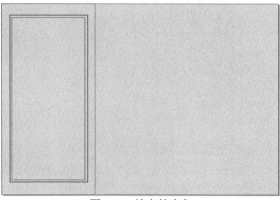

图 5-37　填充轮廓色

31. 绘制一个宽度为 48.0mm、高度为 25.0mm 的矩形，设置轮廓宽度为 2.0mm，填充轮廓色为 #7C633B，完成效果如图 5-38 所示。

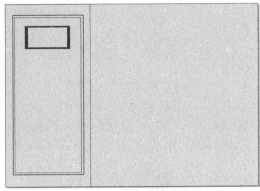

图 5-38　完成效果

32. 导入素材 LOGO。按快捷键 Ctrl+I，打开"导入"对话框找到素材 LOGO，或者直接将素材拖入到矩形框中调整合适大小并移动至合适位置，如图 5-39 所示。

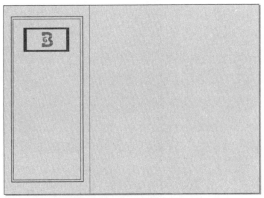

图 5-39　导入素材 LOGO

33. 使用文本工具，输入"时尚与经典的结合"，设置字体为微软雅黑，字体大小为 16pt，如图 5-40 所示。

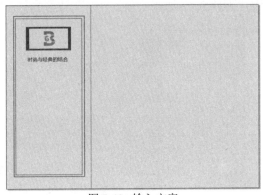

图 5-40　输入文案

知识链接

如果文本框下部中间的小方框是空心的则表示这段文字已结束；如果小方框里带一个向下的小三角，表示这段文字还有一些内容隐藏起来了。

34. 导入素材花纹。按快捷键 Ctrl+I，打开"导入"对话框找到素材花纹，或者直接将素材拖入到矩形框中调整合适大小并移动至合适位置，如图 5-41 所示。

图 5-41 导入素材花纹

35. 导入素材 7。按快捷键 Ctrl+I，打开"导入"对话框找到素材 7，或者直接将素材拖入到矩形框中调整合适大小并移动至合适位置，如图 5-42 所示。

图 5-42 导入素材 7

36. 导入素材8。按快捷键Ctrl+I，打开"导入"对话框找到素材8，或者直接将素材拖入到矩形框中调整合适大小并移动至合适位置，如图5-43所示。

图 5-43　导入素材 8

37. 导入素材花纹。按快捷键Ctrl+I，打开"导入"对话框找到素材花纹，或者直接将素材拖入到矩形框中调整合适大小并移动至合适位置，然后设置旋转角度为180°，如图5-44所示。

图 5-44　导入素材花纹

38. 使用文本工具，输入文案，设置字体为微软雅黑，字体大小为10pt，字体颜色为黑色，如图5-45所示。

图 5-45　输入文案

39. 使用矩形工具，绘制一个宽度为 187.0mm、高度为 191.0mm 的矩形，设置轮廓宽度为 0.75mm，轮廓色为 #5D4F10，如图 5-46 所示；继续绘制一个宽度为 181.0mm、高度为 183.0mm 的矩形，设置轮廓宽度为 0.5mm，轮廓色为 #5D4F10，如图 5-47 所示。

图 5-46 绘制矩形

图 5-47 绘制矩形

40. 按快捷键 Ctrl+I，打开"导入"对话框找到素材 7、9、10、11、12，或者直接将素材拖入到矩形框中调整合适大小并移动至合适位置，如图 5-48 所示。

图 5-48 导入素材

知识链接

使用选择工具，选择文本对象，在属性栏中单击"将文本更改为水平方向"按钮，或单击"将文本更改为垂直方向"按钮即可。

41. 使用文本工具，输入"尊贵奢华"，设置字体为微软雅黑，字体大小为16pt，如图5-49所示。

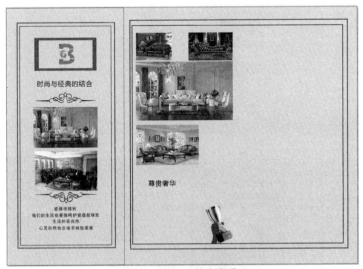

图 5-49 输入"尊贵奢华"

42. 使用文本工具，输入文案，设置字体为微软雅黑，字体大小为10.5pt，如图5-50所示。

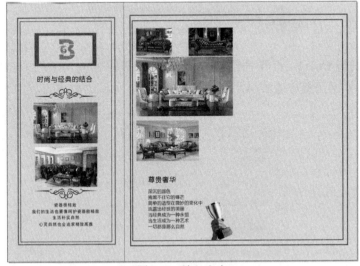

图 5-50 输入文案

43. 导入素材 5 并输入文案。按快捷键 Ctrl+I，打开"导入"对话框找到素材 5，或者直接将素材拖入到矩形框中调整合适大小并移动至合适位置；使用文本工具，输入"经典与时尚"，设置字体为微软雅黑，字体大小为 14pt，字体颜色为 #AA9B40，如图 5-51 所示。

图 5-51　导入素材 5 并输入文案

44. 导入素材花纹、素材 11。按快捷键 Ctrl+I，打开"导入"对话框找到素材花纹、素材 11，或者直接将素材拖入到矩形框中调整合适大小并移动至合适位置；选中素材花纹，按住 Ctrl 键将鼠标放在图形中间四个方点的任意一点上，出现双箭头图标，使用箭头图标向需要镜像的方向翻转图形，翻转完成后将素材花纹移动至合适位置，如图 5-52 所示。

图 5-52　导入素材

45. 使用文本工具，输入英文文案，设置字体为 Arial，字体大小为 12pt，字体颜色为黑色；输入中文文案，设置字体为黑体，字体大小为 12pt，如图 5-53 所示。

图 5-53　输入中英文文案

46. 导入素材 2。按快捷键 Ctrl+I，打开"导入"对话框找到素材 2，或者直接将素材拖入到矩形框中调整合适大小并移动至合适位置，如图 5-54 所示。

图 5-54　导入素材 2

47. 最终效果如图 5-55 所示。

图 5-55 最终效果

小技巧

小册子折页法可以分为八种：普通折、特殊折、对门折、平行折、风琴折、地图折、海报折、卷轴折。

①普通折：普通折是一些非常简单及常见的折叠方法。由于其较低的预算及简单的操作，这类折法适用于请束、广告和小指南，而且在几乎所有的印刷机和折页机上生产都不成问题。简单朴素是其非常明显的特征。

②特殊折：特殊折大部分需要特殊的折页机或手工操作，所以价钱比较贵。

③对门折：对门折一般是对称的，折叠方法是将两个或更多的页面从相反的面向中心折去。折页机上必须有对门折装置才能实行该操作。如果没有，只能送到外面加工或是手工折叠。

④平行折：平行折中每一页都是平行放置。这类折法有简单也有复杂的，种类繁多，几乎适合于任何应用。

⑤风琴折：风琴折是小册子折页法中种类最多的，高达50种。这类折法应用广泛，它的形状像"之"字形。多种折法使风琴折成为最佳的选择。但是，如果是采用机械自动将该类小册子装入信封，显然会遇到问题。在印刷机和折页机允许的情况下，风琴折的折页数不限。

⑥地图折：地图折和风琴折类似，它是由几个风琴折组成，展开时是一张大的连续的页面，同时还要再对折、三折或四折，所以地图折以"层"来命名，对折的称为双层地图折，三折的称为三层地图折，四折的称为四层地图折。这类折法受限于较轻重量的材料，而且还需要特殊的折页机。

⑦海报折：海报折是在平行折和风琴折的基础上发展得来的，展开时就像一张海报，所以得名。这类折法至少包含两个折叠，即前一折是平行折，后一折是风琴折。这类折法也受限于较轻重量的材料。

⑧卷轴折：卷轴折包含四个或更多的页面，依次向内折，页面宽度必须逐渐减少以便于折叠。卷轴折的优点之一就是允许多个页面，而且能节省空间。

项目小结

三折页是宣传单的一种常见样式，有着非常不错的宣传和推广效果，通过运用对各个折页区域内容的划分，使读者在观看时产生一个先后顺序，同时，整体的风格和谐统一，使整个三折页给人一种充实感。

项目 **6**

书籍封面设计

项目目标

熟悉 CorelDRAW 软件，掌握辅助线、出血位设置方法；熟悉工具箱中选择工具、矩形工具、形状工具、椭圆形工具、轮廓图工具、文本工具等的使用方法；掌握绘制简单图形的方法；熟悉旋转角度、轮廓图的设置方法；熟悉颜色和编辑填充的设置方法；熟悉并掌握文字的编辑。

技能要点

◎掌握辅助线、出血位设置方法
◎熟悉工具箱中选择工具、矩形工具、形状工具、椭圆形工具、轮廓图工具、文本工具等的使用方法
◎掌握绘制简单图形的方法
◎熟悉旋转角度、轮廓图的设置方法
◎熟悉颜色和编辑填充的设置方法
◎熟悉并掌握文字的编辑

项目导入

　　封面可以说是书籍的形象代表，它可以将视觉美感和文化内涵结合在一起。封面设计在一本书的整体设计中具有举足轻重的地位。封面是一本书的脸面，好的封面设计不仅能吸引人，还能增强阅读欲望。

　　封面设计有其特殊性，它的创作要受到书籍性质的制约，也就是设计要服务于书籍内容。不同学科、不同性质的书籍，如何运用不同的平面艺术手法进行合理的、有创意的设计，从而创作出既能体现书籍的内容、性质、体裁，又能起到启迪人思维的作用。

书籍封面设计

效果欣赏

实现过程

1. 启动 CorelDRAW 2018，按快捷键 Ctrl+N，打开"创建新文档"对话框，新建一个宽度为 381.0mm、高度为 266.0mm，横向，页码数为 1，原色模式为 CMYK，渲染分辨率为 300dpi，名称为"封面设计"的文件，最后单击"确定"按钮，如图 6-1 所示。

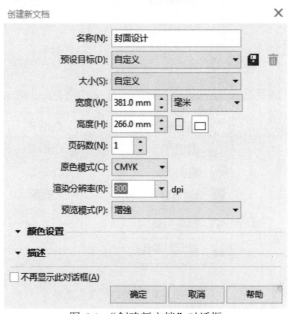

图 6-1 "创建新文档"对话框

2. 在页面上、下、左、右各留出 3.0mm 出血位。在菜单栏中选择"查看"→"辅助线"选项，在"辅助线"浮动面板中，输入相应值如图 6-2 所示；单击"添加"按钮确定，完成效果如图 6-3 所示。

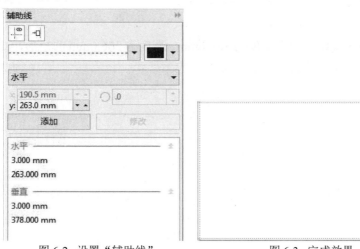

图 6-2 设置"辅助线"　　　　　　　　　　图 6-3 完成效果

3. 为了防止辅助线在无意中被移动，可以锁定辅助线。选中辅助线右击，在出现的菜单中选择"锁定对象"选项，锁定辅助线，如图6-4所示。

图6-4　"锁定对象"选项

知识链接

"出血位"又称"出穴位"。设计之前，要考虑印刷品裁切时，会有1～3mm左右的裁切误差。在设计前采取措施，以防因裁切误差过大，导致裁切掉重要内容或留下白边，所以需要在设计成品的四周加上1～3mm左右的预留部分（通常为3mm），这就是通常说的出血位。

4. 使用矩形工具，绘制一个宽度为381.0mm、高度为266.0mm的矩形，如图6-5所示。

图6-5　绘制一个矩形

5. 在菜单栏中选择"窗口"→"调色板"→"调色板编辑器"选项，如图 6-6 所示；打开"调色板编辑器"对话框，如图 6-7 所示；单击"添加颜色"按钮，打开"选择颜色"对话框，将模型选择为 CMYK 模式，颜色设置为 #D82128，如图 6-8 所示。

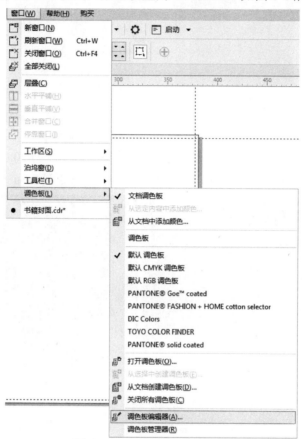

图 6-6 "调色板编辑器"选项

图 6-7 "调色板编辑器"对话框

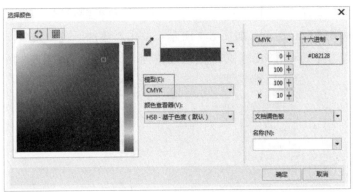

图 6-8 "选择颜色"对话框

6. 制作书脊。使用矩形工具，在页面中间绘制一个宽度为 20.0mm、高度为 266.0mm 的长矩形条，如图 6-9 所示；颜色设置为黑色，完成效果如图 6-10 所示。

图 6-9 绘制长矩形条　　　　　　　　　　图 6-10 完成效果

7. 使用文本工具，在封底左上角输入"责任编辑：×××""封面设计：×××"，设置字体为黑体，字体大小为 14pt，字体颜色为白色，完成效果如图 6-11 所示。

图 6-11 完成效果

8. 使用矩形工具，绘制一个宽度为 185.0mm、高度为 6.0mm 的长矩形，按快捷键 F11，打开"编辑填充"对话框，如图 6-12 所示。

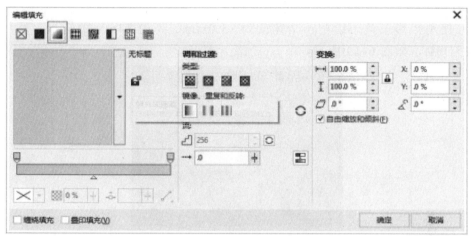

图6-12 "编辑填充"对话框

9. 在编辑填充左下角找到节点颜色，打开颜色编辑器，将颜色模式选择为CMYK，设置CMYK参数如图6-13所示；编辑另一个节点颜色，设置CMYK参数，如图6-14所示。

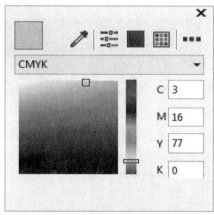

图6-13 编辑节点颜色

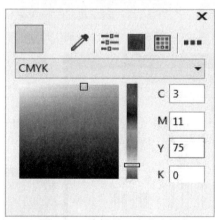

图6-14 编辑另一个节点颜色

10. 使用矩形工具，绘制一个宽度为 85.0mm、高为 74mm 的矩形，颜色设置为 #5F5D5D，如图 6-15 所示。

图 6-15 绘制矩形

11. 插入条码。使用矩形工具，绘制一个宽度为 35.0mm、高度为 35.0mm 的矩形，颜色设置为白色，在菜单栏中选择"对象"→"插入条码"选项，如图 6-16 所示；在打开的"条码向导"对话框中设置参数，单击"下一步"按钮，如图 6-17 所示；使用文本工具，输入定价，完成效果如图 6-18 所示。

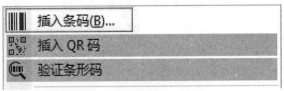

图 6-16 "插入条码"选项

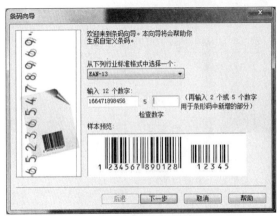

图 6-17 "条码向导"对话框

图 6-18 完成效果

小提示

本案例中所介绍条码内容仅供学习。

知识链接

①出版物条形码的分类

当前我国的出版物条码分为中国标准书号条码（ISBN条码）和中国标准刊号条码（ISSN条码）两种。中国标准书号条形码应用于图书、音像制品和电子出版物，以及用中国标准书号标识的其他出版物。中国标准刊号条码应用于使用中国标准连续出版物号标识的连续出版物。

②为什么出版物条码要统一制作

出版物条码是ISBN、ISSN号除用阿拉伯数字表示外的另外一种表示形式——计算机识读形式。在我国，出版物条码统一制作并随书号、刊号一起发放是出版管理手段，是出版行政管理部门管理书号、刊号，打击非法出版、保护知识产权的一项重要措施，保障了出版物的健康流通。

按《出版物条码管理办法》规定：为了规范出版物条码管理，保证出版物条码质量，出版物条码统一由新闻出版署条码中心制作。其他单位一律不得从事此项业务。

12. 使用文本工具，在书脊上输入书名、主编名、出版社名称。在属性栏上将文本更改为垂直方向，如图6-19所示；设置字体为黑体，字体大小为16pt，字体颜色为白色，完成效果如图6-20所示。

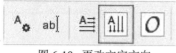

图6-19 更改文字方向　　　　　　　　　　　图6-20 完成效果

13. 使用矩形工具，绘制一个宽度为186.0mm、高度为266.0mm的矩形，颜色设置为白色，如图6-21所示。

图 6-21　绘制矩形

14. 使用矩形工具，绘制一个宽度为 186.0mm、高度为 218.0mm 的矩形，如图 6-22 所示；鼠标右击在出现的菜单中选择"转换为曲线"选项，如图 6-23 所示。

图 6-22　绘制矩形　　　　　　　　　　　　图 6-23　转换为曲线

15. 使用形状工具修改矩形，如图 6-24 所示；按快捷键 F12，打开"编辑填充"对话框，如图 6-25 所示。

图 6-24 修改矩形

图 6-25 "编辑填充"对话框

16.在编辑填充左下角找到节点颜色，打开颜色编辑器，将颜色模式选择为CMYK，设置CMYK参数，如图6-26所示。

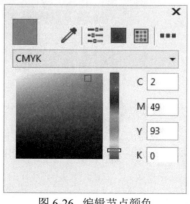

图 6-26 编辑节点颜色

17.编辑另一个节点颜色，设置CMYK参数，如图6-27所示；完成效果如图6-28所示。

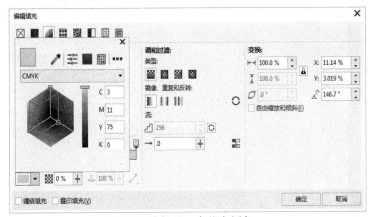

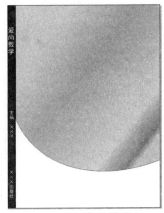

图6-27　编辑另一个节点颜色　　　　　　　　　　　图6-28　完成效果

18. 使用矩形工具，绘制一个宽度为186.0mm、高度为203.0mm的矩形，鼠标右击在出现的菜单中选择"转换为曲线"选项，使用形状工具修改矩形，颜色设置为#332C2B，完成效果如图6-29所示。

图6-29　完成效果

19. 使用矩形工具，绘制一个宽度为 186.0mm、高度为 199.0mm 的矩形，鼠标右击在出现的菜单中选择"转换为曲线"选项，使用形状工具修改矩形，颜色设置为 #E62129，完成效果如图 6-30 所示。

图 6-30 完成效果

20. 使用矩形工具，绘制一个宽度为 186mm、高度为 7mm 的矩形，颜色设置为 #E62129，完成效果如图 6-31 所示。

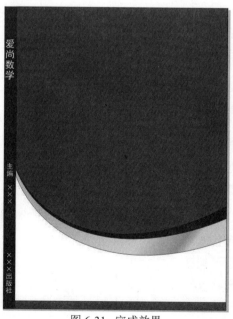

图 6-31 完成效果

21. 使用文本工具，输入"×××主编"，设置字体为黑体，字体大小为18pt，字体颜色为白色，如图6-32所示。

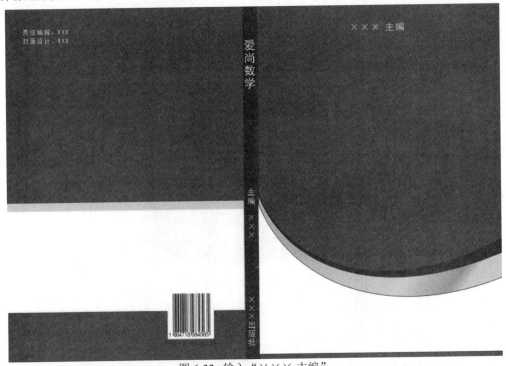

图6-32 输入"×××主编"

22. 在左侧工具箱中单击"多边形工具"下拉按钮，在出现的菜单中选择"星形"工具，如图6-33所示；在属性栏上将边数改为24，锐度为16，如图6-34所示；填充颜色为#FFF000，如图6-35所示。

图6-33 "星形"工具

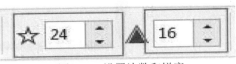

图6-34 设置边数和锐度

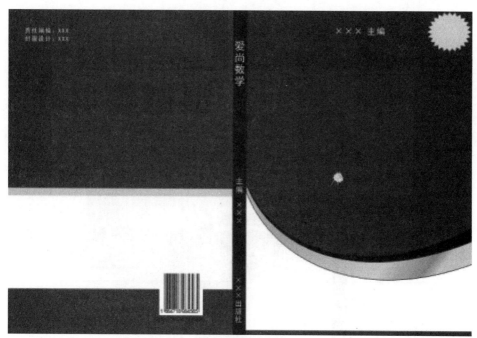

图 6-35 填充颜色

23. 使用文本工具，输入"全新升级"，设置字体为华文新魏，字体大小为 16pt，字体颜色为 #332C2B，在属性栏上设置旋转角度为 313.0°，如图 6-36 所示；完成效果如图 6-37 所示。

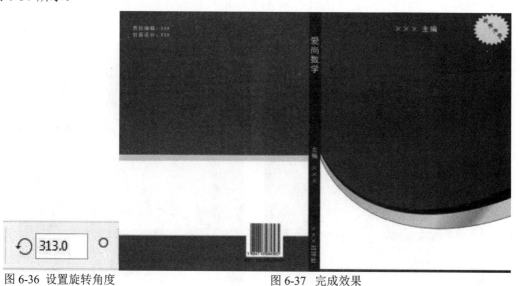

图 6-36 设置旋转角度　　　　　　　　　　　　图 6-37 完成效果

24. 使用椭圆形工具绘制四个圆形，颜色设置为 #FFF000，并复制圆形，接着使用文本工具，输入"名师策划"，设置字体为微软雅黑，字体大小为 36pt，如图 6-38 所示。

图 6-38 输入"名师策划"

25. 在复制的圆形中输入"名师讲解",设置字体为微软雅黑,字体大小为36pt,如图 6-39 所示;继续使用文本工具,输入"×××出版社",设置字体为黑体,字体大小为 18pt,并调整至合适位置,如图 6-40 所示。

图 6-39 输入"名师讲解"

图 6-40 输入"×××出版社"

26. 使用文本工具，输入"爱尚数学"，设置字体为华文琥珀，字体大小为108pt，字体颜色为白色，如图6-41所示；使用阴影工具中的轮廓图工具，单击"外部轮廓"按钮，调整轮廓图步长为2，如图6-42所示；完成效果如图6-43所示。

图 6-41 输入"爱尚数学"

图 6-42 调整轮廓图步长

图 6-43 完成效果

知识链接

在左侧工具箱中单击"阴影"工具下拉按钮，在出现的菜单中选择"轮廓图"工具，在属性栏中找到轮廓图设置属性参数。

在这里介绍一下到中心、内部轮廓、外部轮廓、轮廓图步长、轮廓图偏移。

①到中心 ▣：应用填充对象的轮廓。

②内部轮廓 ▣：将轮廓应用到对象内部。

③外部轮廓 ▣：将轮廓应用到对象外部。

④轮廓图步长 ▱：调整对象中轮廓图步长的数量。

⑤轮廓图偏移 ▤：调整对象中轮廓间的间距。

27. 鼠标右击，在出现的菜单中选择"拆分轮廓图群组"选项，或按快捷键 Ctrl+K，如图 6-44 所示。

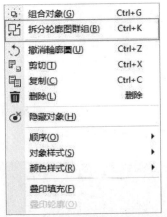

图 6-44 "拆分轮廓图群组"选项

28. 轮廓图拆分后更改轮廓图颜色，如图 6-45 所示。

图 6-45 更改轮廓图颜色

29. 最终效果如图 6-46 所示。

图 6-46　最终效果

书籍封面设计的一些技巧

①构图：构图的形式要灵活地加以运用，不能盲目照搬，最重要的是实践经验和创新精神。

②对称和均衡：对称构图给人以稳定和庄重的感觉。均衡是等量不等形，是不依中轴线来配置的另一种方法。另外，近似对称或在对称中包含均衡，比完全对称的设计效果更为强烈和耐人寻味。反之，近似均衡或在均衡中包含对称也是如此。

③画面层次：画面要有层次感，需要应用对比的方法，如大小、高低、粗细、疏密、黑白、繁简、虚实等。应用对比能使画面产生变化和节奏感，使之主次分明。但要注意彼此之间的有机联系，使它们有整体统一感。

④主题突出：主要形象在比例大小和安排位置上要处理得当，使其鲜明突出，不能让次要的、陪衬的形象，造成喧宾夺主的感觉。画面中书名和形象的主次，要根据书籍内容和要求来决定。

文字、形象、色彩和构图这四个设计因素，要根据作品的内容和要求来决定。这四个设计因素都是不可缺少，但是，在画面中只能有一个是最醒目的，是不可以平均对待的。

知识链接

版式设计最基本的要求是方便读者阅读，它能与文字内容相协调，对理解内容有所帮助，使人阅读轻松。版式的技巧在于看不出技巧，而不是独立于文字之外，让读者突出地感受到它。版式设计的关键在于运用点、线、面和黑、白、灰的协调手段，调整好版芯和四边空白的比例，选用合适的字体和行距。要注意配合读者阅读的节奏，加强篇首页和章节标题的设计，字体不可复杂。如无特殊要求，最好不要在四边空白处随意放入图案，这样会分散读者的注意力。

项目小结

在项目实现过程中，结合一款书籍封面，帮助学生熟练掌握 CorelDRAW 软件，并运用该软件设计制作出精美的书籍封面。

通过本项目，帮助学生掌握创建新文档的方法；熟悉辅助线的设置方法；熟悉标尺的使用方法；熟悉设置页面、添加或删除页面的方法；熟悉美术字的编辑和文本的编排；掌握绘制简单图形的方法，自己动手设计制作书籍封面。

项目 **7**

插画设计

项目目标

　　掌握文件的新建、打开、保存、导入等的基本操作方法；熟悉工具箱中矩形工具、椭圆形工具、形状工具、手绘工具、阴影工具等的使用方法；熟悉对象、变换、造型、合并、修剪、缩放与镜像等的使用方法；掌握编辑颜色和添加颜色的方法；掌握贝塞尔工具；掌握绘制简单图形的方法。

技能要点

◎掌握文件的新建、打开、保存、导入等的基本操作方法

◎熟悉工具箱中矩形工具、椭圆形工具、形状工具、手绘工具、阴影工具等的使用方法

◎熟悉对象、变换、造型、合并、修剪、缩放与镜像等的使用方法

◎掌握编辑颜色和添加颜色的方法

◎掌握贝塞尔工具

◎掌握绘制简单图形的方法

项目导入

    插画是一种比较流行的绘画表现方式，也是运用图案、图形表现的形式。最早的插画是使用手绘的方式完成的，而在科技发展的现代，可以借助于计算机与其系统的先进设备，便可以实现各种风格插画的完美再现。

    今天流行的商业插画，包括出版物插图、卡通吉祥物设计、影视与游戏美术设计和广告商业插画四种形式。在我国，插画已经遍布于电子媒体、商业场馆、商品包装、影视演艺海报、企业广告、日记本和贺卡等。

    商业插画必须具备三个要素：直接传达消费需求、符合大众审美品位、夸张强化商品特性。

一、动物插画设计

效果欣赏

实现过程

1. 启动 CorelDRAW 2018，按快捷键 Ctrl+N，打开"创建新文档"对话框，新建一个宽度为 210.0mm、高度为 297.0mm，纵向，页码数为 1，原色模式为 CMYK，渲染分辨率为 300 dpi，名称为"插画设计"的文件，最后单击"确定"按钮，如图 7-1 所示。

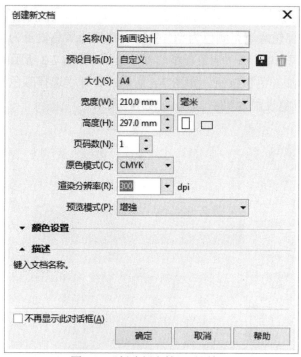

图 7-1 "创建新文档"对话框

2. 使用贝塞尔工具，勾勒出动物头部的轮廓，在绘制中使用形状工具来调整路径至满意效果，如图 7-2 所示。

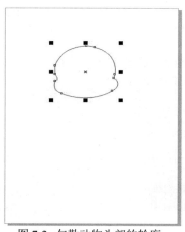

图 7-2 勾勒动物头部的轮廓

知识链接

①使用贝塞尔工具，在页面中单击即可增加一个节点，绘制时按住 Shift 键可以绘制直线，按住鼠标左键继续拖动即可绘制曲线。

②绘制时，按住 Alt 键可以移动节点改变曲线形状。

③在节点处按住 Alt 键单击也可删除一个控制柄，重新开始绘制方向。

3. 为动物的头部轮廓填充颜色为 #C1632E，将描边颜色设置为 #332C2B。在菜单栏中选择"窗口"→"调色板"→"调色板编辑器"选项，如图 7-3 所示；打开"调色板编辑器"对话框，单击"添加颜色"按钮，如图 7-4 所示；打开"选择颜色"对话框，将模型选择为 CMYK 模式，颜色设置为 #887235，如图 7-5 所示。

图 7-3 "调色板编辑器"选项　　　　图 7-4 "调色板编辑器"对话框

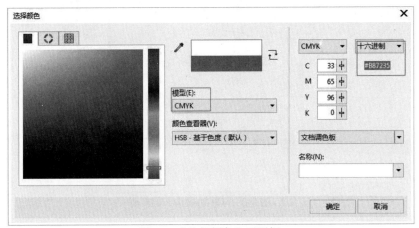

图 7-5 "选择颜色"对话框

4.完成效果如图 7-6 所示。

图 7-6 完成效果

5.继续使用贝塞尔工具，勾勒出动物脸部的轮廓，在绘制中使用形状工具来调整路径至满意效果，颜色设置为 #F9E5D6，如图 7-7 所示。

图 7-7 勾勒动物脸部的轮廓

6. 使用贝塞尔工具，勾勒出动物眉毛，将轮廓颜色设置为#332C2B，眉毛的轮廓宽度设置为0.5mm，如图7-8所示。

图7-8 勾勒动物眉毛

7. 使用椭圆形工具，绘制出动物眼睛，颜色设置为#332C2B、#FFFFFF，如图7-9所示。

图7-9 绘制动物眼睛

8. 使用贝塞尔工具，勾勒出动物鼻子和嘴巴，轮廓颜色设置为#332C2B，轮廓宽度设置为0.5mm，如图7-10所示。

图7-10 勾勒动物鼻子和嘴巴

9. 使用贝塞尔工具，勾勒出动物耳朵，颜色设置为#F9E5D6，如图7-11所示。

图7-11 勾勒动物耳朵

10. 使用椭圆形工具，绘制出动物身体，颜色设置为 #C1632E、#F9E5D6，如图 7-12 所示。

图 7-12　绘制动物身体

11. 使用贝塞尔工具，勾勒出动物手臂，颜色设置为 #C1632E，如图 7-13 所示；继续使用贝塞尔工具，勾勒出动物手指，颜色设置为 #F9E5D6，如图 7-14 所示。

图 7-13　勾勒动物手臂

图 7-14　勾勒动物手指

12. 使用贝塞尔工具，勾勒出动物腿部，如图 7-15 所示；将轮廓颜色设置为 #C1632E，描边颜色设置为 #332C2B，完成效果如图 7-16 所示。

图 7-15 勾勒动物腿部

图 7-16 完成效果

13. 使用贝塞尔工具，勾勒出动物脚部，如图 7-17 所示；将轮廓颜色设置为 #C1632E，描边颜色设置为 #332C2B，完成效果如图 7-18 所示。

图 7-17 勾勒动物脚部

图 7-18 完成效果

14. 使用选择工具，选择动物腿部按 Shift 键加选脚部，按快捷键 Ctrl+G 进行组合，并将组合对象移至动物身体部分下方，然后鼠标右击，在出现的菜单中选择"顺序"→"向后一层"选项，如图 7-19 所示。

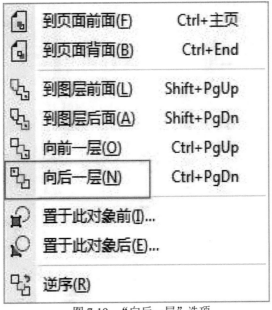

图 7-19 "向后一层"选项

15. 使用选择工具，选择组合对象、复制，在属性栏中单击"水平镜像"按钮，如图 7-20 所示；镜像效果如图 7-21 所示。

图 7-20 单击"水平镜像"按钮　　　　　　　　　　图 7-21 镜像效果

16. 使用椭圆形工具，绘制一个正圆形，颜色设置为#F0BF05，如图 7-22 所示；在左侧工具箱中单击"多边形工具"下拉按钮，在出现的菜单中选择"星形"工具，如图 7-23 所示；绘制一个星形，颜色设置为#FEFEFE，如图 7-24 所示。

图 7-22 绘制正圆形

图 7-23 "星形"工具

图 7-24 绘制星形

17. 使用选择工具，选择圆形按 Shift 键加选星形，使用小键盘＋键在组合对象上方复制粘贴对象，并移动至合适位置，如图 7-25 所示；完成效果如图 7-26 所示。

图 7-25　复制图形

图 7-26　完成效果

18. 使用椭圆形工具，绘制一个正圆形，将描边颜色设置为#332C2B,轮廓宽度设置为1.0mm,如图 7-27 所示；继续绘制一个小正圆形，颜色设置为 #FEFEFE，如图 7-28 所示。

图 7-27　绘制正圆形

图 7-28　绘制小正圆形

19. 使用贝塞尔工具绘制形状，如图 7-29 所示；颜色设置为 #FBDBBF、#E74627、#1D4497、#F0BF05、#332C2B，按快捷键 Ctrl+G 进行组合，完成效果如图 7-30 所示。

图 7-29　绘制形状

图 7-30　完成效果

20. 使用阴影工具，在对象上按住鼠标左键往投影方向拖动，此时会出现对象阴影的虚线轮廓框并调整合适位置，释放鼠标，添加阴影效果完成，如图 7-31 所示。

图 7-31　添加阴影效果

技术点拨

①应用阴影工具拖动阴影控制线中间的白色矩形调节钮，可以调整阴影的不透明度，越靠近白色方块，不透明度越小，阴影越淡；越靠近黑色方块（或其他颜色），不透明度越大，阴影越浓。

②使用鼠标从调色板中将颜色色块拖到黑色方块中，方块的颜色则变为选定色，阴影的颜色也会随之改变为选定色。

③制作好的阴影效果与选定对象时动态连接在一起，如果改变对象的外观，阴影也会随之变化。

21. 最终效果如图 7-32 所示。

图 7-32　最终效果

项目导入

本案例使用 CorelDRAW 2018 设计制作人物插画。为将人物表现得更加生动形象，设计师在设计中加入了底纹、高光等装饰元素，将人物打造得更加鲜明，令人印象深刻。

二、人物插画设计

项目导入

实现过程

1. 启动 CorelDRAW 2018，按快捷键 Ctrl+N，打开"创建新文档"对话框，新建一个宽度为 210.0mm、高度为 297.0mm，纵向，页码数为 1，原色模式为 CMYK，渲染分辨率为 300 dpi，名称为"插画设计"的文件，最后单击"确定"按钮，如图 7-33 所示。

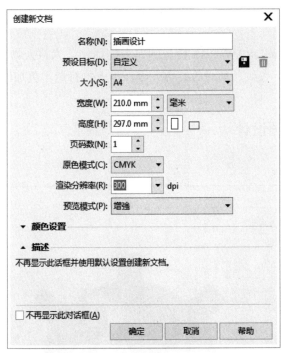

图 7-33　"创建新文档"对话框

2.接下来绘制一个宽度为 19.2mm、高度为 34.1mm 的矩形。在左侧工具箱中单击"矩形工具"按钮，或按快捷键 F6，绘制矩形，如图 7-34 所示。

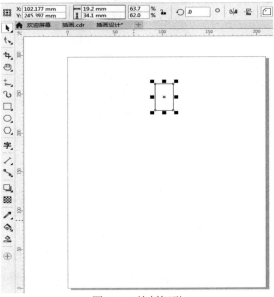

图 7-34　绘制矩形

技术点拨

①绘制矩形时按住 Shift 键不放，可以从中心绘制矩形，绘制的起始点就是矩形对角线的交点。

②绘制的同时，按住 Shift 键和 Ctrl 键可以绘制从中心开始的矩形。

③双击矩形工具，可以绘制出和页面大小相同的矩形。

3.将绘制好的矩形取消描边颜色，先按 Shift 键再按 F11 键，打开"编辑填充"对话框，应用"向量图样填充"为矩形填充一个红色样式的底纹，如图 7-35 所示。

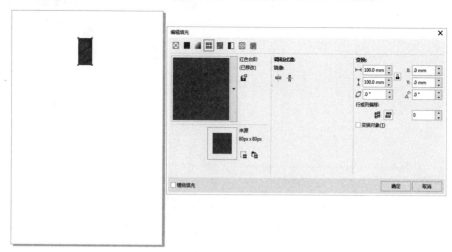

图 7-35　填充底纹样式

知识链接

底纹填充是随机生成的填充，可用于赋予对象自然的外观。CorelDRAW 软件中提供了预设的底纹，而且每一组底纹均有可以更改的选项值。

4.单击矩形将中心点移动至合适位置，按住小键盘＋键在矩形上方复制粘贴一个矩形对象，并设置旋转角度为 51°，按 Enter 键确认，如图 7-36 所示；按快捷键 Ctrl+D 进行再制，在制作完成后按快捷键 Ctrl+G 将对象全部组合在一起，如图 7-37 所示。

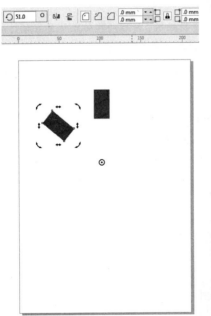

图 7-36　旋转再制　　　　　　　　　　　　　图 7-37　全部组合

5.在标尺中分别拖出一条垂直与横向的辅助线，移动至对象中心点位置，并使用椭圆形工具，以中心点绘制出一个宽度为 128.0mm、高度为 128.0mm 的正圆形，如图 7-38 所示。

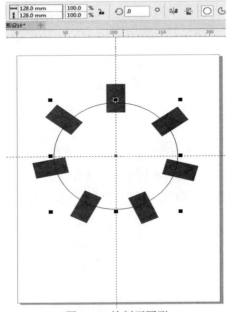

图 7-38　绘制正圆形

6. 使用选择工具选中正圆形，按快捷键 F11，打开"编辑填充"对话框，应用"向量图样填充"为矩形填充一个红色样式的底纹，将图形的描边颜色取消设置为无，如图 7-39 所示。

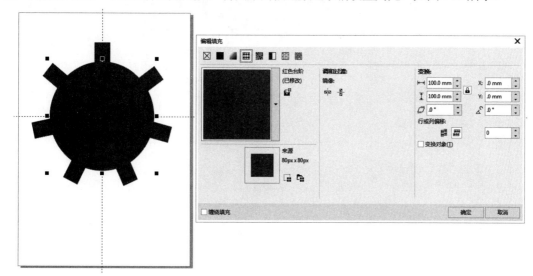

图 7-39 填充红色底纹样式

7. 使用贝塞尔工具，勾勒出人物脸部及上身的轮廓，在绘制中使用形状工具来调整路径至满意效果，如图 7-40 所示；将轮廓颜色设置为 #FEEABF，描边颜色设置为 #EF8641，如图 7-41 所示。

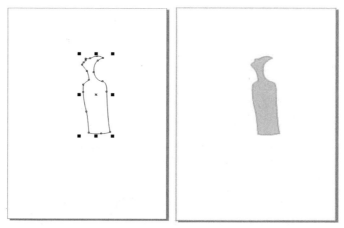

图 7-40 勾勒人物脸部及上身的轮廓　　图 7-41 填充颜色

技术点拨

①选中贝塞尔工具，在页面中点击即可增加一个节点，绘制时按住 Shift 键可以绘制直线，按住鼠标左键继续拖动即可绘制曲线。

②绘制的同时，按住 Alt 键可以移动节点改变曲线形状。

③在节点处按住 Alt 键单击也可删除一个控制手柄，重新开始绘制方向。

8. 使用贝塞尔工具，勾勒出人物眉毛和眼睛，将眉毛的线宽设置为 0.35mm，眼睛的线宽调整为细线，如图 7-42 和图 7-43 所示；完成效果如图 7-44 所示。

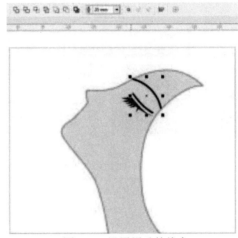

图 7-42 设置眉毛的线宽

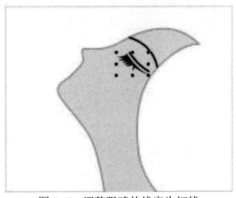

图 7-43 调整眼睛的线宽为细线

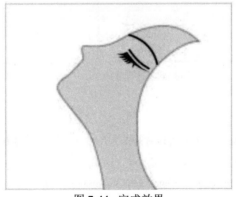

图 7-44 完成效果

9. 使用形状工具，绘制一个心形，线宽为细线，设置旋转角度为45°，如图 7-45 所示；按快捷键 Ctrl+Q 将图形转换为曲线，使用形状工具来调整路径，如图 7-46 所示。

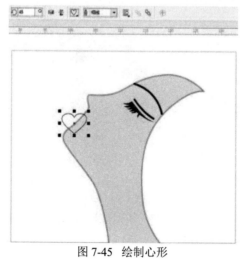

图 7-45　绘制心形

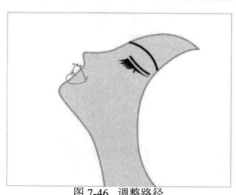

图 7-46　调整路径

10. 将心形轮廓颜色设置为 #F4B3B3，描边轮廓颜色设置为 #E40082，完成的心形效果如图 7-47 所示；使用椭圆形工具，绘制一个宽度为 0.65mm、高度为 0.65mm 的正圆形，颜色为白色，如图 7-48 所示。

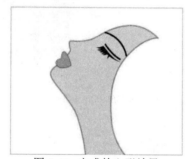

图 7-47　完成的心形效果

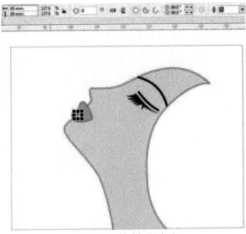

图 7-48 绘制正圆形

11. 使用贝塞尔工具，勾勒人物头发，头发颜色为黑色，然后在此基础上复制并等比缩小一个轮廓对象，如图 7-49～图 7-51 所示。

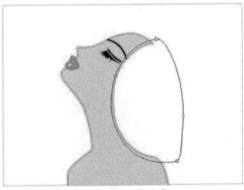

图 7-49 勾勒人物头发

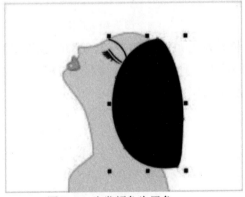

图 7-50 头发颜色为黑色

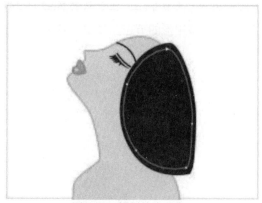

图 7-51　复制轮廓对象

12. 使用选择工具选中图形，按快捷键 F11，打开"编辑填充"对话框，为轮廓添加一个渐变填充，使其更加充满质感，如图 7-52 和图 7-53 所示。

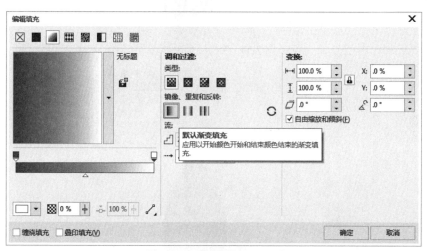

图 7-52　"编辑填充"对话框

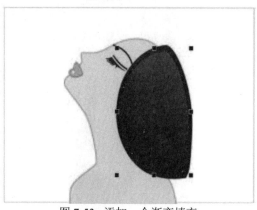

图 7-53　添加一个渐变填充

13. 使用矩形工具，绘制一个宽度为 9.5mm、高度为 27.7mm 的矩形，颜色设置为 #B92E32，如图 7-54 所示；使用形状工具，调整矩形的节点，如图 7-55 所示；绘制一个白色的轮廓对象，如图 7-56 所示。

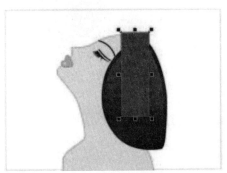

图 7-54　绘制一个矩形

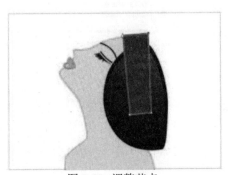

图 7-55　调整节点

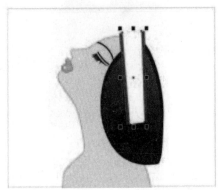

图 7-56　绘制一个白色的轮廓对象

14. 使用椭圆形工具，绘制一个宽度为 4.0mm、高度为 4.0mm 的正圆形，颜色设置为 #B92E32，如图 7-57 所示；复制圆形，颜色设置为白色，以中心等比缩放白色的圆形，按快捷键 Ctrl+G 将两个圆形进行组合，如图 7-58 所示。

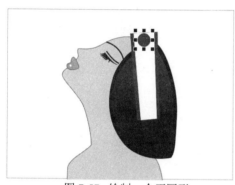

图 7-57 绘制一个正圆形

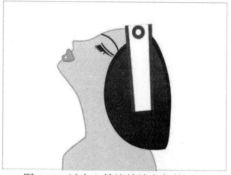

图 7-58 以中心等比缩放白色的圆形

15. 按上一步复制方法，复制多个圆形，按快捷键 Ctrl+G 将得到的对象进行组合，设置旋转角度为 3°，移动至合适位置，完成效果如图 7-59 所示。

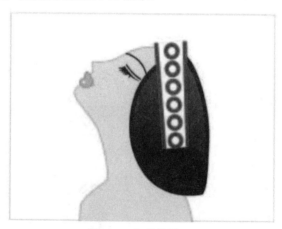

图 7-59 完成效果

16. 使用贝塞尔工具，勾勒人物衣服，如图 7-60 所示；使用选择工具选中图形，按快捷键 F11，打开"编辑填充"对话框，应用"底纹填充"填充一个"雪花石膏"样式的底纹，如图 7-61 所示；并将描边轮廓设置为 #E40082，完成效果如图 7-62 所示。

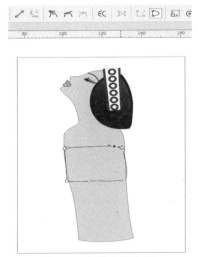

图 7-60 勾勒人物衣服

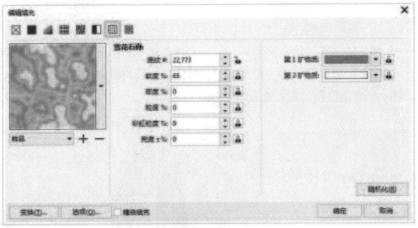

图 7-61 填充底纹样式

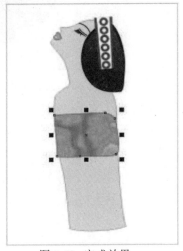

图 7-62 完成效果

17. 使用椭圆形工具，绘制一个宽度为 15.2mm、高度为 15.2mm 的正圆形，如图 7-63 所示；将描边颜色设置为黑色，线宽设置为 0.5mm，如图 7-64 所示。

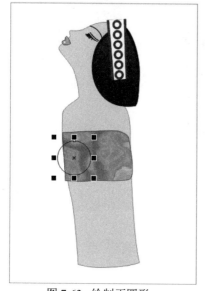

图 7-63 绘制正圆形

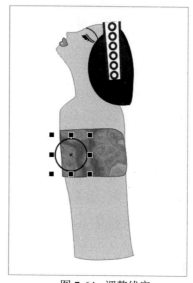

图 7-64 调整线宽

18. 使用选择工具选中图形，按快捷键 F11，打开"编辑填充"对话框，应用"底纹填充"填充一个"雪花石膏"样式的底纹，并平行复制一个对象移动至合适位置，如图 7-65 和图 7-66 所示。

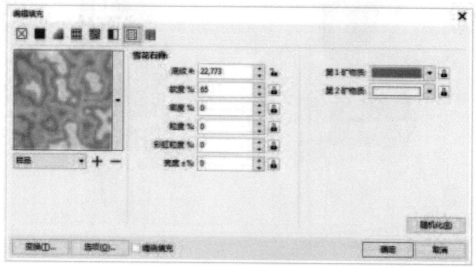

图 7-65 填充底纹样式

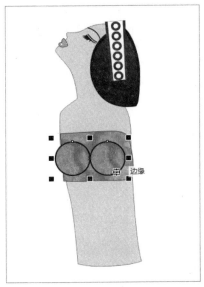

图 7-66　复制圆形

19. 使用贝塞尔工具，为人物勾勒出项链，如图 7-67 所示；将描边轮廓设置为黑色，线宽设置为 0.5mm，如图 7-68 所示。

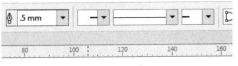

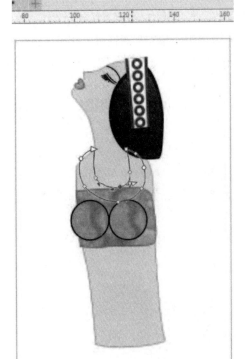

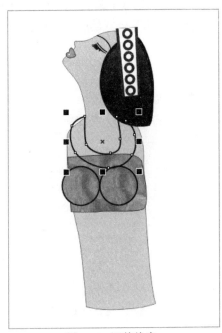

图 7-67　勾勒项链　　　　　　　　　　　　　图 7-68　调整线宽

20. 使用选择工具选中图形，按快捷键 F11，打开"编辑填充"对话框，应用"底纹填充"填充一个"游泳池 2"样式的底纹，如图 7-69 所示；完成效果如图 7-70 所示。

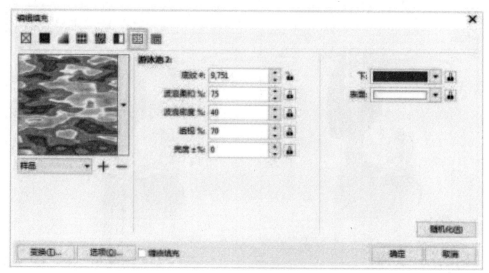

图 7-69 填充底纹样式

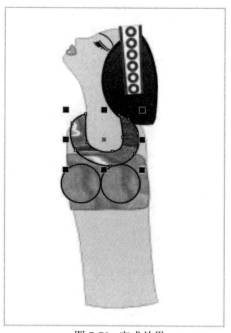

图 7-70 完成效果

21. 使用贝塞尔工具，继续为人物勾勒出项链，如图 7-71 所示；并将描边轮廓设置为黑色，线宽设置为 0.5mm，如图 7-72 所示；使用选择工具选中图形，按快捷键 F11，打开"编辑填充"对话框，应用"底纹填充"填充一个"游泳池 2"样式的底纹，按快捷键 Ctrl+PgDn 使图层下移一层，如图 7-73 所示。

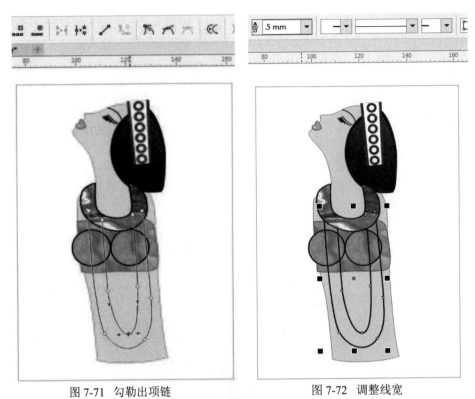

图 7-71 勾勒出项链   图 7-72 调整线宽

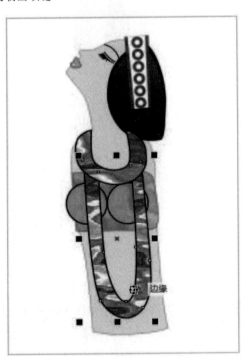

图 7-73 填充底纹样式

22. 使用贝塞尔工具，勾勒出人物左臂，如图 7-74 所示；将轮廓颜色设置为 #FEEABF，描边颜色设置为 #EF8641，如图 7-75 所示；使用同样的操作方法制作出右臂，完成效果如图 7-76 所示。

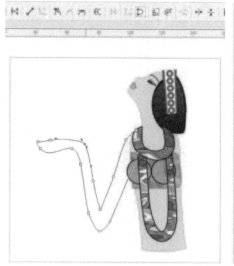

图 7-74　勾勒人物左臂

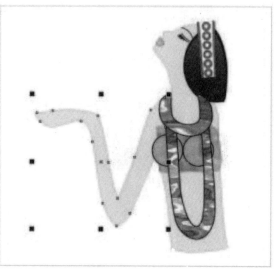

图 7-75　左臂颜色

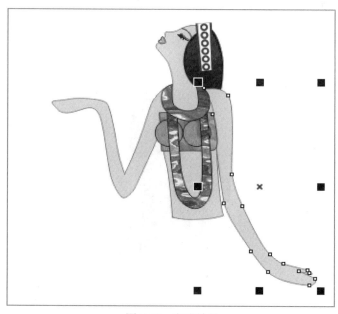

图 7-76　完成效果

23. 使用矩形工具，绘制一个宽度为 14.5mm、高度为 3.6mm 的矩形，如图 7-77 所示；将矩形四角调整为 1.5mm 圆角，如图 7-78 所示；填充颜色为 #00B0CD，描边颜色为 #6B6E7F，如图 7-79 所示。

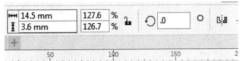

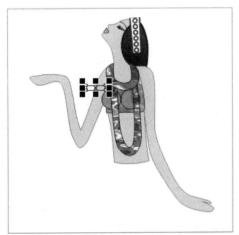
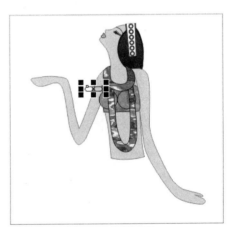

图 7-77　绘制矩形　　　　　　　　　　　图 7-78　调整圆角

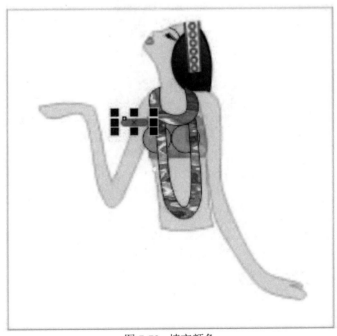

图 7-79　填充颜色

24. 复制矩形对象，如图 7-80 所示；按快捷键 Ctrl+G 将得到的对象进行组合，并设置旋转角度为 340°，如图 7-81 所示。

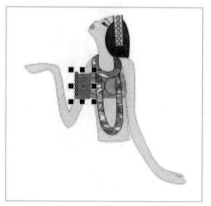

图 7-80 复制矩形对象

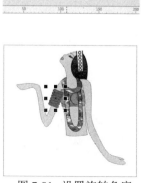

图 7-81 设置旋转角度

25. 在组合对象的基础上复制一组矩形，使用选择工具选中图形，按快捷键 F11，打开"编辑填充"对话框，应用"渐变填充"为矩形填充一个渐变颜色，如图 7-82 所示；并使用透明度工具，调整透明度为 60，如图 7-83 所示。

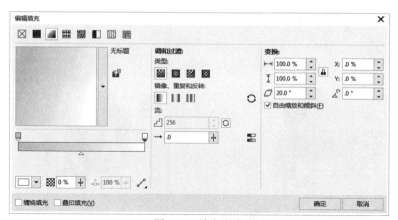

图 7-82 填充渐变样式

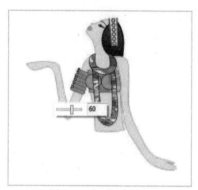

图 7-83 调整透明度

26. 复制和移动一组矩形对象到人物右臂上，并设置旋转角度为 0，如图 7-84 所示，按上步操作方法制作出手臂上的手镯，完成效果如图 7-85 所示。

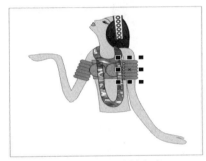

图 7-84　设置旋转角度　　　　　　　　　图 7-85　完成效果

27. 使用贝塞尔工具，为人物勾勒出腰带，如图 7-86 所示；将轮廓颜色设置为 #00B0CD，将描边颜色设置为 #6B6E7F，如图 7-87 所示。

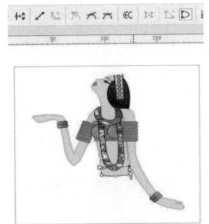

图 7-86　勾勒腰带　　　　　　　　　　图 7-87　设置颜色

28. 在对象的基础上复制一个图形，使用选择工具选中图形，按快捷键 F11，打开"编辑填充"对话框，应用"渐变填充"为矩形填充一个渐变颜色，如图 7-88 所示；使用透明度工具，调整透明度为 100，如图 7-89 所示；完成效果如图 7-90 所示。

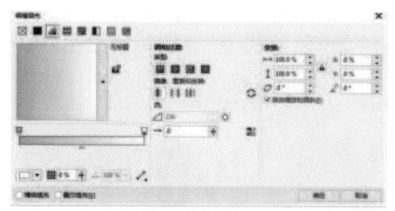

图 7-88　填充渐变样式

图 7-89　调整透明度

图 7-90　完成效果

29. 使用贝塞尔工具，勾勒人物腿部，如图 7-91 所示；将轮廓颜色设置为 #EE7C40，填充颜色为 #EF8641，如图 7-92 所示。

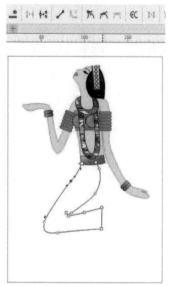

图 7-91　勾勒人物腿部

图 7-92　填充颜色

30. 使用贝塞尔工具，为人物勾勒出腿部高光，如图 7-93 所示；使用选择工具选中图形，按快捷键 F11，打开"编辑填充"对话框，应用"渐变填充"为对象填充一个渐变颜色，如图 7-94 所示；完成效果如图 7-95 所示。

图 7-93　勾勒人物腿部高光

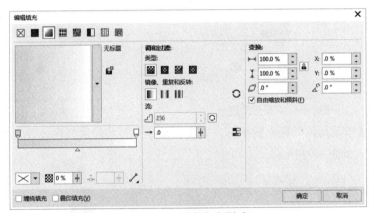

图 7-94　填充渐变样式

图 7-95　完成效果

31. 按上步同样的操作方法制作出另一处腿部的高光，并按照前面介绍的操作方法制作出腿部的造型，如图7-96所示；复制并移动腿部造型移动至合适位置，完成效果如图7-97所示。

图7-96 腿部造型

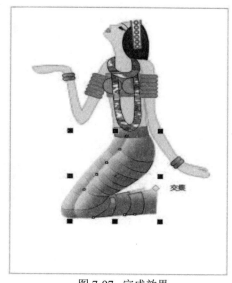

图7-97 完成效果

32. 使用贝塞尔工具，勾勒出人物脚部，如图7-98所示；填充颜色为#FEEABF，将描边颜色设置为#EF8641，如图7-99所示；复制和移动一个轮廓移动至合适位置，如图7-100所示。

图7-98 勾勒人物脚部

图7-99 填充颜色

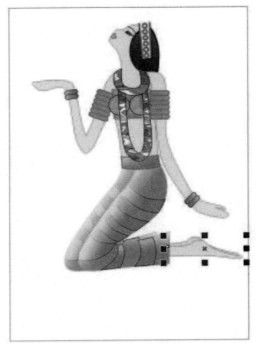

图 7-100　完成效果

33. 使用椭圆形工具，绘制一个宽度为 15.0mm、高度为 15.0mm 的正圆形，如图 7-101 所示；按快捷键 Ctrl+Q 将矩形转换为曲线，使用形状工具来调整路径，如图 7-102 所示；并设置旋转角度为 5°，如图 7-103 所示。

图 7-101　绘制正圆形

图 7-102　调整路径

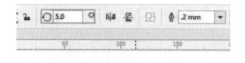

图 7-103 设置旋转角度

34. 将图形轮廓颜色设置为 #EF8781，描边颜色设置为 #B92E32，如图 7-104 所示；使用矩形工具和椭圆形工具，为苹果绘制出果柄，完成效果如图 7-105 所示。

图 7-104 填充颜色　　　　　　　　　图 7-105 完成效果

35. 最终效果如图 7-106 所示。

图 7-106　最终效果

项目小结

　　本项目主要讲述了如何设计制作动物插画和人物插画。通过本项目的学习，学生要学会制作出简单的图形；在创作插图时，对于在把握动物形象和人物形象、五官、神态的描绘上有困难的学生，教师要给予帮助；完成后，教师要点评并表扬构图合理、色彩和谐、线条流畅、造型准确的插图作品。

项目 **8**

网页设计

项目目标

　　掌握文件的新建、打开、保存、导入等的基本操作方法；熟悉工具箱中矩形工具、椭圆形工具、形状工具、手绘工具等的使用方法；熟悉对象、对齐与分布、镜像等的使用方法；掌握编辑颜色和添加颜色的方法；掌握 2 点线工具；掌握绘制简单图形的方法。

技能要点

◎掌握文件的新建、打开、保存、导入等的基本操作方法

◎熟悉工具箱中矩形工具、椭圆形工具、形状工具、手绘工具等的使用方法

◎熟悉对象、对齐与分布、镜像等的使用方法

◎掌握编辑颜色和添加颜色的方法

◎掌握 2 点线工具；掌握绘制简单图形的方法

项目导入

　　一个好的网页，需要经过精心策划和设计。要将细致环节做出来的网页才能够达到客户的需求，在网页美化上、网页功能以及网页体验度上都要如此。

　　本案例使用 CorelDRAW 2018 设计制作一个以图片为主的网页。为网页配图时，添加的并不是一堆美丽的像素块。实际上，每一幅图片，都可以看作是现实生活的缩影，而用户在浏览网页时，对于图片有一种渴望，因此添加图片非常重要。而且，一定要图与文呼应，这样才能够营造良好的用户体验。

　　本案例中设计制作的网页，给人醒目的视觉形象，红色花朵与黑色背景的搭配，大气时尚。协调良好的色彩规划，比使用动画效果更好。图标简单，设计结构简洁明了。花朵作为主题元素，出现在整个界面，点明主旨。

一、图片摄影类网页设计

效果欣赏

实现过程

1. 启动 CorelDRAW 2018,按快捷键 Ctrl+N,打开"创建新文档"对话框,新建一个宽度为 1440px、高度为 1740px,纵向,页码数为 1,原色模式为 CMYK,渲染分辨率为 150dpi,名称为"网页设计"的文件,最后单击"确定"按钮,如图 8-1 所示。

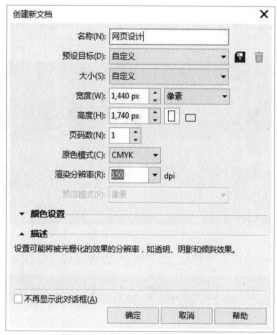

图 8-1 "创建新文档"对话框

技术点拨

网页的尺寸主要分为两种,第一种是传统布局:固定宽度和居中显示;第二种是潮流布局:自适应全屏显示 100%。

信息类的网站,建议尺寸还是以传统的尺寸为主,也可以采用全屏固定一个值的方式来进行设计;如果是科技类、摄影类、服装类、设计类,全屏设计尺寸是主流,再加上一些交互效果,更能收获客户的好评。

2. 制作网页顶部导航栏。使用矩形工具,绘制一个宽度为 1440px、高度为 120px 的矩形,将矩形的颜色设置为 #222222,如图 8-2 所示。

图 8-2 制作导航栏

知识链接

制作网页之前，先来了解网页的结构，网页是由页面导航、页面内容和页面底部信息组成。

网页中的 header，一般称之为顶部导航栏。导航栏对于一个网站的用户体验来说是至关重要的，因为根据用户的浏览习惯（从左到右，从上到下），当用户进入网页，导航栏通常是用户最先看到的地方。

3. 在绘制好的导航栏上添加装饰，绘制多个不固定大小的矩形，宽度和高度均为 5px，如图 8-3 所示。

图 8-3 添加装饰

4. 将绘制好的小矩形散布在导航栏上，导航栏装饰完成，如图 8-4 所示。

图 8-4 导航栏装饰完成

5. 使用矩形工具，绘制一个和画布一样大小的矩形，继续绘制一个宽度和高度均为 960px 的矩形，按住 Shift 键同时选中两个矩形居中，如图 8-5 所示。

图 8-5 绘制矩形

6. 使用辅助线，将页面分出来。拖动辅助线到矩形的边缘然后删掉两个矩形，这样中间的 960px 内容区就出来了，完成效果如图 8-6 所示。

图 8-6 完成效果

7. 在导航栏中导入素材 LOGO。按快捷键 Ctrl+I，打开"导入"对话框找到素材 LOGO，或者直接将素材拖入到矩形框中调整合适大小并移动至合适位置，如图 8-7 所示。

图 8-7 导入素材 LOGO

8. 添加标题栏文字。导航栏上的信息，位于距离导航栏上下正中间的位置，输入"我的春天""你的故事""摄影巨作""欢迎投稿"，设置字体为微软雅黑、加粗，字体大小为 18pt，字体颜色为白色，如图 8-8 所示。

图 8-8 添加标题栏文字

9.在菜单栏中选择"对象"→"对齐与分布"，打开"对齐与分布"对话框，选择"分布"→"水平分散排列中心"选项，将文字进行水平分散排列中心，如图8-9和图8-10所示。

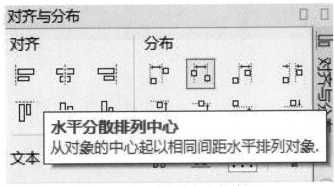

图8-9 "对齐与分布"对话框

图8-10 将文字进行水平分散排列中心

知识链接

在菜单栏中选择"对象"→"对齐与分布"，其中，分布包括以下八种。

①左分散排列：从对象的左边缘起以相同间距排列对象。

②水平分散排列中心：从对象的中心起以相同间距水平排列对象。

③右分散排列：从对象的右边缘起以相同间距排列对象。

④水平分散排列间距：在对象之间水平设置相同的间距。

⑤顶部分散排列：从对象的顶边起以相同间距排列对象。

⑥垂直分散排列中心：从对象的中心起以相同间距垂直排列对象。

⑦底部分散排列：从对象的底边起以相同间距排列对象。

⑧垂直分散排列间距：在对象之间垂直设置相同的间距。

10.绘制一个宽度为1440px、高度为500px的矩形框，将矩形框置于导航栏下方左右居中的位置，如图8-11所示。

图 8-11 绘制矩形框

知识链接

标准的网页一般由四个部分组成。

①内容（网页的基础）：内容是网页中纯粹的信息，如网页中所显示的文字、数据和图片等。所以说内容是一个网页的基本。

②结构（网页的条理）：结构是使用结构化的方法使网页中用到的信息得到整理和分类，使内容更具有条理性、逻辑性和易读性。一个好的结构是带来好的用户体验的重要的一环。

③表现（网页的显示）：表现是使用技术对要信息进行显示上的控制，如版式、颜色等样式。表现则是结构的一种升华，仅仅是有条理是不够的，还令人赏心悦目，让人更加喜欢网站。

④行为（网页的互动）：行为就是网页的交互操作。一个好的网页是一种交互式的传输，既能从网页中了解所需要的信息，也能将信息传达出去。

总之，网页的各组成部分是相辅相成、缺一不可的。

11. 导入素材 1。按快捷键 Ctrl+I，打开"导入"对话框找到素材 1，或者直接将素材拖入到矩形框中调整合适大小并移动至合适位置，如图 8-12 所示。

图 8-12 导入素材 1

12. 将素材1处于未选中状态，鼠标右击选中素材1拖动到框内不要松开，当出现如图 8-13 所示的指针时松开鼠标。

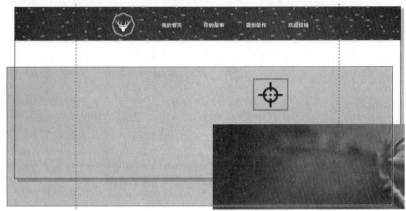

图 8-13　鼠标指针

13. 松开鼠标右键，在出现的菜单中选择"PowerClip 内部"选项，如图 8-14 所示。

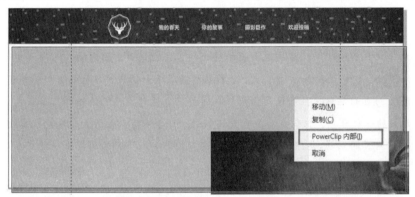

图 8-14　"PowerClip 内部"选项

14. 将素材1置于框后，完成效果如图 8-15 所示。

图 8-15　完成效果

15. 此时需要对素材 1 进行微调并移动至正中心。选中素材，在菜单栏中选择"对象"→"PowerClip"→"内容居中"选项，将素材居中，如图 8-16 所示。

图 8-16 将素材居中

16. 制作一个向左的箭头。在左侧工具箱中单击"手绘工具"下拉按钮，在出现的菜单中选择"2 点线"工具，如图 8-17 所示；绘制两条同等长度的直线，将两条直线的中心点置于直线的左端进行旋转，完成效果如图 8-18 所示。

图 8-17 "2 点线"工具　　　　　　　图 8-18 完成效果

17. 将箭头颜色设置为白色，按照前面介绍的操作方法置于框内，调整箭头的大小，并且移动位置，得到如图 8-19 所示的效果。

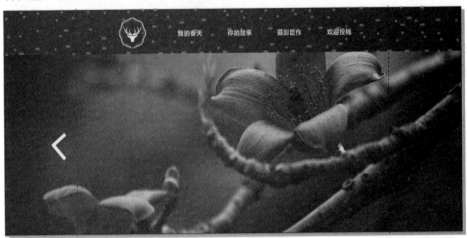

图 8-19 将箭头置于框内

18. 复制一个箭头，在属性栏中单击"水平镜像"按钮，如图 8-20 所示；将箭头置于框右侧，完成效果如图 8-21 所示。

图 8-20 单击"水平镜像"按钮

图 8-21 完成效果

19. 制作四个圆圈。使用椭圆形工具，或按快捷键 F7，按住 Shift 键绘制一个宽度和高度均为 15px 的一个正圆形，填充颜色为白色，如图 8-22 和图 8-23 所示。

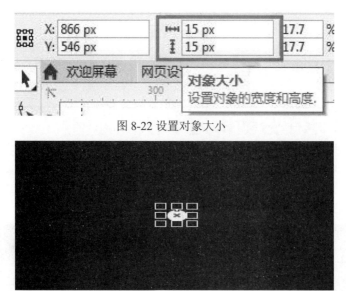

图 8-22 设置对象大小

图 8-23 绘制正圆形

20. 将正圆形置于图片的下方，移动至合适位置，如图 8-24 所示。

图 8-24 移动至合适位置

21. 绘制三个空心的白边圆形，三个圆形的尺寸宽度和高度均为 15px，并且依次将圆形置于图片的下方。同时选中四个圆形，在菜单栏中选择"对象"→"对齐与分布"，打开"对齐与分布"对话框，选择"对齐"→"垂直居中对齐"选项并选择"分布"→"水平分散排列中心"选项，将圆形进行垂直居中对齐和水平分散排列中心，如图 8-25 和图 8-26 所示。

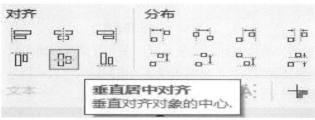

图 8-25 将圆形进行垂直居中对齐

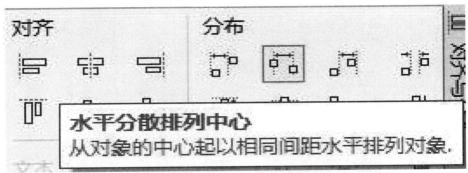

图 8-26 将圆形进行水平分散排列中心

22. 导航图完成如图 8-27 所示。

图 8-27 导航图完成

小技巧

导航栏制作完成后接着做栏目,栏目是指网页中存放相同性质内容的区域。在对页面内容进行布局时,把性质相同的内容安排在网页的相同区域,可以帮助用户快速获取所需信息,对网站内容起到非常好的导航作用。

23. 绘制线条,调整线条尺寸。使用 2 点线工具,绘制一个宽度为 150px、高度为 0px 的线条,将线条的轮廓宽度设置为 3px,如图 8-28 所示。

图 8-28 调整线条尺寸

24. 添加标题内容。将绘制好的线条复制一条并且平行移动到另一侧,调整两条线条位置一致大小,颜色设置为黑色,在两条线条的中间输入"人间四月芳菲尽",设置字体为微软雅黑,字体大小为 16 pt,完成效果如图 8-29 所示。

图 8-29 完成效果

小技巧

根据设计的内文可视区的宽度为 960px，在进行设计时可以减少无关信息，减少对主体信息传达的干扰，利于阅读和信息传达。

25. 导入素材 2。按快捷键 Ctrl+I，打开"导入"对话框找到素材 2，或者直接将素材拖入到矩形框中，并将素材置于框内左侧，素材尺寸调整为宽度为 476px、高度为 327px，移动至合适位置，如图 8-30 和图 8-31 所示。

图 8-30 调整尺寸

图 8-31 导入素材 2

26. 在图片右下角添加日期。使用矩形工具,绘制一个宽度为105px、高度为40px的矩形,如图 8-32 所示;在矩形上输入"06/16",设置字体为 Arial,字体大小为 12 pt,将文字与矩形进行水平居中和垂直居中,如图 8-33 所示。

图 8-32　绘制矩形

图 8-33　添加日期

27. 在图片的右侧输入"花语",设置字体为微软雅黑、加粗,字体大小为 18pt,输入"language of flowers",设置字体为微软雅黑,字体大小为 8.5pt,如图 8-34 所示。

图 8-34　输入文案

28. 使用文本工具，输入"赏花要懂花语，花语构成花卉文化的核心，在花卉交流中，花语虽无声，但此时无声胜有声，其中的含义和情感表达甚于言语。不能因为想表达自己的一番心意而在未了解花语时就乱送别人鲜花，结果只会引来别人的误会。"，设置字体为黑体，字体大小为8pt。完成效果如图8-35所示。

图8-35 完成效果

知识链接

字体设计的总原则：可辨识性和易读性。

一个简单的网页设计，一般字体不超过三种。中文建议使用微软雅黑字体，英文则建议使用 Arial 字体。

常用的字体大小有如下几种。

① 12px 是用于网页的最小字体，适用于突出性的日期、版权等注释性内容。

② 14px 则适用于非突出性的普通正文内容。

③ 16px 或 18px 适用于突出性的标题内容。

④ 网站的字体大小可以根据实际情况酌情考虑，但是要有限适用偶数字体大小。

⑤ 字体规格也不需要太多，最好适用三种混搭。

⑥ 层次的区别，可以改变字体颜色或加粗来体现。

29. 在文本框的下方添加箭头符号。使用 2 点线工具，绘制一个宽度为 33px、高度为 0px、轮廓宽度为 1px 的直线；选中直线，在属性栏中找到终止箭头栏，单击下拉按钮，在列表框中选中箭头 3，如图 8-36 和图 8-37 所示。

图8-36 单击下拉按钮

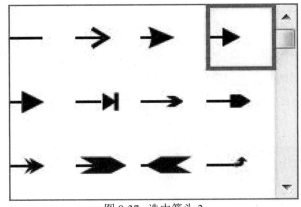

图 8-37　选中箭头 3

30. 使用文本工具，在箭头的右侧输入"READ MORE"，设置字体为微软雅黑，字体大小为 8pt，如图 8-38 所示。

→ **READ MORE**

图 8-38　输入文案

31. 使用矩形工具，绘制一个宽度为 24px、高度为 24px 的矩形，颜色设置为 #CCCCCC，复制一个矩形，颜色设置为 #FFA113，如图 8-39 所示。

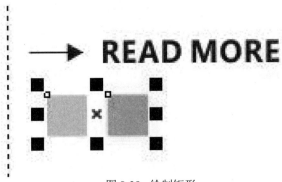

图 8-39　绘制矩形

32. 在矩形上添加指示符号，如图 8-40 所示。

图 8-40　添加指示符号

33. 完成效果如图 8-41 所示。

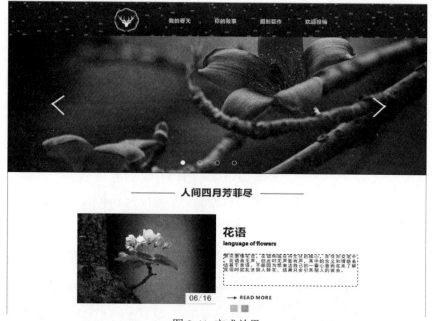

图 8-41 完成效果

34. 按照前面第 27 和 28 步骤，输入"木棉花"，设置字体为微软雅黑、加粗，字体大小为 18pt；输入"珍惜身边人，珍惜眼前的幸福"，设置字体为微软雅黑，字体大小为 8.5pt；绘制文本框，输入"传说中四月的第十二天是木棉花盛开的日子，木棉花盛开时绿叶全部落尽，绽放出红艳的花朵，一点点开满整棵树，从远处看去一片片火红火红的花朵充满希望和幸福，当火红的木棉花盛开的时候，那种火热的激情将感染所有的人，带给所有的人幸福与快乐。"，设置字体为黑体，字体大小为 8pt。完成效果如图 8-42 所示。

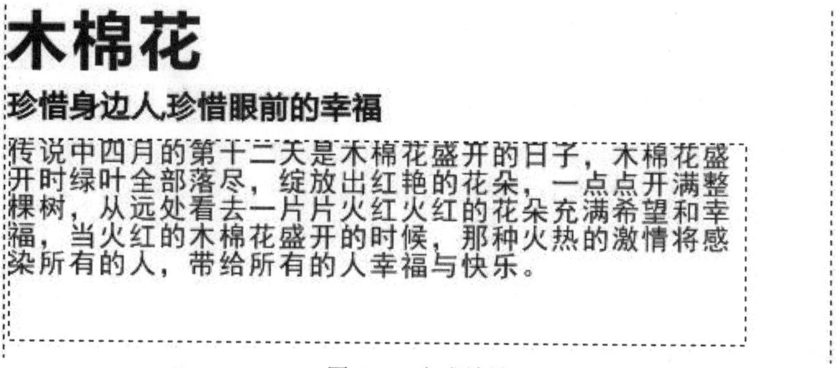

木棉花

珍惜身边人，珍惜眼前的幸福

传说中四月的第十二天是木棉花盛开的日子，木棉花盛开时绿叶全部落尽，绽放出红艳的花朵，一点点开满整棵树，从远处看去一片片火红火红的花朵充满希望和幸福，当火红的木棉花盛开的时候，那种火热的激情将感染所有的人，带给所有的人幸福与快乐。

图 8-42 完成效果

35. 导入素材3。按快捷键Ctrl+I，打开"导入"对话框找到素材3，或者直接将素材拖入到矩形框中调整合适大小并移动至右侧，如图8-43所示。

图 8-43　导入素材3

36. 制作网页底部信息栏。使用矩形工具，绘制一个宽度为1440px、高度为220px的矩形，颜色设置为#373737，将矩形置于底部并水平居中，如图8-44所示。

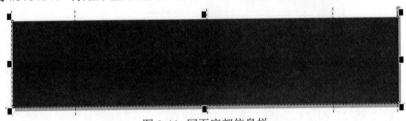

图 8-44　网页底部信息栏

知识链接

网页底部信息应该放哪些内容

①网页底部考虑做子导航：在网页底部放一些网站核心关键词的链接和友情链接，或者将网站的常见问题放入页脚部分做成页脚的子导航，方便用户浏览和点击。

②页脚添加页面信息：页面信息包括联系方式、公司介绍、版权信息、网站地图和服务范围等。这些信息会引人注目，方便联系。

③传达品牌理念：页脚与页头有所不同，可以加入企业的理念、价值观作为品牌宣传，还可以放置电话号码、企业邮箱、企业地址等链接，这些信息方便客户查看以及寻求合作。

页脚通常都有的元素：联系人的信息、关键词导航链接、网站主要宣传的文章链接、版权声明和品牌理念等。如果想引人注目，可以上传公司团队的照片和公司的一些动态等。

37. 在网页底部添加信息，设置字体为Arial、宋体，字体大小为6pt；导入素材4，按快捷键Ctrl+I，打开"导入"对话框找到素材4，或者直接将素材拖入到矩形框中调整合适大小并移动至信息栏右侧。完成效果如图8-45所示。

图 8-45 完成效果

38. 最终效果如图 8-46 所示。

图 8-46 最终效果

219

项目导入

网页是产品的重要入口，用户访问网站就等于用户在使用产品。这就需要结合产品业务信息，让网页设计为业务服务，为用户提供最直接、最便捷的产品体验。

本案例使用了 CorelDRAW 2018 设计制作一个产品网页。整个网站的风格就是简约风，由于颜色的使用突显高大上，极简，中间4幅图画和家具，以及家具颜色与摆设丰富了视觉，使整个网站的视觉效果很出彩。

二、购物类网页设计

效果欣赏

实现过程

1. 启动 CorelDRAW 2018，按快捷键 Ctrl+N，打开"创建新文档"对话框，新建一个宽度为1920px、高度为720px、横向，页码数为1，原色模式为CMYK，渲染分辨率为300 dpi，名称为"网页设计2"的文件，最后单击"确定"按钮，如图8-47所示。

图 8-47 "创建新文档"对话框

2. 网站从上到下依次是顶部导航栏、轮播图、正文。首先制作导航栏，使用矩形工具，按快捷键 F6，绘制一个宽度为 1920px、高度为 100px 的矩形，颜色设置为 #222222，将矩形置于上方并居中，如图 8-48 所示。

图 8-48 制作导航栏

3. 使用矩形工具，绘制一个和画布一样大小的矩形，接着在旁边绘制一个宽度为 1024px 的矩形，按住 Shift 键同时选中两个矩形进行水平居中对齐，如图 8-49 所示。

图 8-49 绘制矩形

4.在内容区建立辅助线。将辅助线拖动到矩形的边缘然后删掉两个矩形框，这样中间的 1024px 内容区就出来了，如图 8-50 所示。

图 8-50　建立辅助线

知识链接

网页大多是居中类型的，只要设置好主内容的宽度然后居中即可，适合门户网站、平台类网站、内容比较多且信息量大的站点；另一种是全屏网页，分为自适应和响应式。常见的全屏的后台界面就是自适应，国外常见这种形式，一般在一些流行的设计产品上多见。

网页的布局主要有两种：左右型布局和居中型布局。

第一种，左右结构型。

①左右布局，灵活性强。

②左边通栏为导航栏，宽度没有具体的限制，可以根据实际情况进行调整。

③右侧为内容板块范围，是网站内容展示区域。

第二种，居中型。

①居中布局，中间的黄色部分为有效的显示区域，用于网站内容的展示。

②两边均为留白，没有实际用途，只是为了适配而存在。

5.在导航栏导入素材 LOGO。按快捷键 Ctrl+I，打开"导入"对话框找到素材 LOGO，或者直接将素材拖入到矩形框中调整合适大小并移动至合适位置，如图 8-51 所示。

图 8-51　导入素材 LOGO

6. 制作搜索框。使用矩形工具，绘制一个宽度为 163px、高度为 34px 的矩形，在属性栏中设置圆角半径为 25px，如图 8-52 所示。

图 8-52 设置搜索框参数

7. 搜索框制作完成后，将搜索框置于导航栏内，颜色设置为 #191919，如图 8-53 和图 8-54 所示。

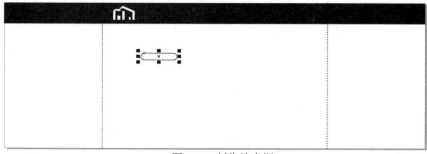

图 8-53 制作搜索框

图 8-54 将搜索框置于导航栏内

8. 导入素材 1 并输入文案。按快捷键 Ctrl+I，打开"导入"对话框找到素材 1，或者直接将素材拖入到矩形框中调整合适大小并移动至搜索栏的右侧；使用文本工具，输入"寻找梦"，设置字体为微软雅黑，字体大小为 4pt，颜色设置为 #A8A8A8，将文字置于搜索栏内上下居中，如图 8-55 所示。

图 8-55 导入素材 1 并输入文案

9. 导入素材 2 并输入文案。按快捷键 Ctrl+I，打开"导入"对话框找到素材 2，或者直接将素材拖入到矩形框中调整合适大小并移动至合适位置；使用文本工具，输入"购物车""个人中心""登录""注册"，设置字体为微软雅黑，字体大小为 5pt，颜色设置为 #A8A8A8，如图 8-56 所示。

图 8-56 导入素材 2 并输入文案

10. 绘制一个宽度为 1920px、高度为 500px 的矩形框，将矩形移动至导航栏的下方左右居中，如图 8-57 所示。

图 8-57 绘制矩形框

11. 导入素材 3。按快捷键 Ctrl+I，打开"导入"对话框找到素材 3，或者直接将素材拖入到矩形框中调整合适大小并移动至合适位置，如图 8-58 所示。

图 8-58 导入素材 3

12. 选中素材，鼠标右击在出现的菜单中选择"内容居中"选项，将素材居中，如图 8-59 所示。

图 8-59 "内容居中"选项

13. 选中素材，鼠标右击在出现的菜单中选择"编辑 PowerClip"选项，将素材置于框内，如图 8-60 所示；完成效果如图 8-61 所示。

图 8-60 "编辑 PowerClip"选项

图 8-61 完成效果

网页设计图片技巧

①高清精美的图片：高清精美的图片是网站最重要的营销方式，也是一种抓住用户注意力的重要手段。高清的图片能够让用户准确地获得信息。首页轮播图就是使网站起到这种宣传作用，让用户很轻松地获得网站信息。图片中传递出来的信息，最吸引人的就是文字和图片本身意义。

②图片颜色叠加效果：在网页设计中图片颜色叠加效果，容易满足用户对于视觉方面的需求，特别在企业网站建设中，很容易引起用户对于图片本身的好感度。

③图片中文字排版方式：精心设计的文字排版在艺术表现力方面，很容易让图片和文字搭配相得益彰，让文字和图片内容相互呼应。但是，不要把文字设计得特别个性，文字和图片要相辅相成。

④叠加图片中不对称的使用：图片之美的最终分割比例是黄金分割比例。在设计图片中，对于网页设计效果，也可以采用这种不对称的方式，这种不对称的排版布局方式，给用户一种惊奇的感觉。由此产生的效果，让用户视觉停留在其中，相比对称效果更佳有效。

⑤使用插画：相比于图片，插画更加个性化，插画的内容更加自由，也更容易控制。

⑥当图片出现在不同尺寸的屏幕中的时候，能够正常显示和正确显示，并且符合不同平台、不同屏幕的显示需求。

在网站设计中，图片设计要多创新，让网站设计变得更加优秀。

14. 制作导航条。使用矩形工具，绘制一个宽度为1920px、高度为80px的矩形条，颜色设置为#000000，如图8-62所示。

图8-62　制作导航条

15. 使用透明度工具，在属性栏左上角单击"均匀透明度"按钮，将导航条的透明度调整为50，如图8-63所示。

图8-63　调整透明度

16. 在调整好透明度的导航条上添加中文文案，设置字体为微软雅黑，字体大小为4pt，并调整字间距；继续添加英文文案，设置字体为微软雅黑，字体大小为3pt，完成效果如图8-64所示。

图8-64 完成效果

17. 最终效果如图8-65所示。

图8-65 最终效果

极简主义网页设计的一些技巧

极简主义网页设计是减法艺术的最纯粹形式，它并非关于"没有更多的补充"，而是"没有任何多余的东西都可以拿走"。简约理念的核心是强调内容，以便用户可以只关注最重要的东西。

极简主义的网页设计应该让人感觉简单、实用，但从来不会觉得单调，它应该考虑吸引人的第一印象和功能强大的用户体验之间的平衡。目前的极简主义的核心技术是采用负空间和黑色字体，还有其他技巧。

①负空间：即通常所说的"白空间"，简单而言，负空间就是在设计中没有使用的空间。在很多情况下，会看到这个空间充满鲜艳的颜色(可能只是白、灰和黑色)。

②高清图片：由于较少的装饰，用户可以更好地欣赏高清图片的细节。

③排版：其夸张的排版，无论是在标题中还是在正文中，字体是简约设计中少数允许视觉夸张的之一。

④对比：对比度是通过不同设计元素的组合而实现的。

⑤简单的导航：即使在最复杂的导航中，用户看到的也只是一个下拉菜单，不会出现子菜单。

⑥视觉平衡：是通过明确的视觉层次，一致地对准和定位，以及智能利用对称和非对称而实现的。

项目小结

本项目主要讲述了如何设计制作网页，使学生能够从实际应用的角度进一步巩固所学知识。

通过学习网页，让学生具备设计网页的基础条件，能够通过 CorelDRAW 软件来呈现网页效果，让学生进一步掌握网页制作的要点，以便将技能提升到实战水平。

项目 **9**

产品造型设计

项目目标

　　熟练操作 CorelDRAW 软件，掌握工具箱中选择工具、矩形工具、形状工具、椭圆形工具、多边形工具、交互式填充工具、透明度工具、文本工具等的使用方法；掌握调和工具、基本形状工具的使用方法；掌握绘制简单、复杂图形的方法；掌握变换、对齐与分布、造型、镜像等的使用方法；掌握旋转角度、透明度的设置方法；熟悉颜色和编辑填充的设置方法。

技能要点

　　◎掌握工具箱中选择工具、矩形工具、形状工具、椭圆形工具、多边形工具、交互式填充工具、透明度工具、文本工具等的使用方法

　　◎掌握调和工具、基本形状工具的使用方法

　　◎掌握绘制简单、复杂图形的方法

　　◎掌握变换、对齐与分布、造型、镜像等的使用方法

　　◎掌握旋转角度、透明度的设置方法

　　◎熟悉颜色和编辑填充的设置方法

项目导入

　　造型指的是产品的外形、轮廓，也是产品外观设计的重点，产品造型好不好直接决定产品的形体的气质。造型设计作为外观设计的要素之一，也是产品的外在视觉，产品造型美不美，直接影响着用户的购买。因此在进行产品造型设计时要注重产品的造型设计艺术化，以便打动用户达到产品被购买，获得经济效益的目的。

　　本案例设计制作一款手表。为突出该产品的特点——情侣表，设计师加入了双盘，并采用蓝色作为手表的主体颜色，以吸引消费者的眼光。表带采用灰色，高端大气，也更容易被大众接受。

一、手表造型设计

效果欣赏

实现过程

　　1. 启动 CorelDRAW 2018，按快捷键 Ctrl+N，打开"创建新文档"对话框，新建一个宽度为 210.0mm，高度为 297.0mm，纵向，页码数为 1，原色模式为 CMYK，渲染分辨率为 300dpi，名称为"产品造型设计"的文件，最后单击"确定"按钮，如图 9-1 所示。

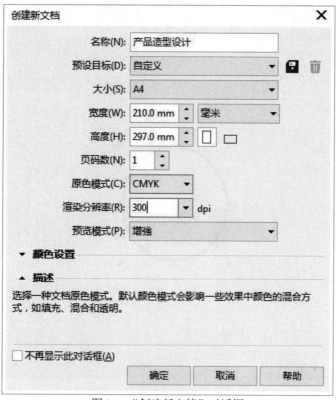

图 9-1 "创建新文档"对话框

2. 首先将包装正面的区域划分出来，这样侧面会自动被区分开。在菜单栏中选择"查看"→"标尺"选项，或按快捷键 Ctrl+R，显示标尺。

3. 在垂直标尺上拖出一条辅助线，并置于 300mm 的位置上，如图 9-2 所示。

图 9-2 添加辅助线

4. 制作表盘。使用椭圆形工具，绘制一个宽度为 111.0mm、高度为 111.0mm 的黑色圆形和白色圆形，将白色圆形置于黑色圆形上，如图 9-3 所示。

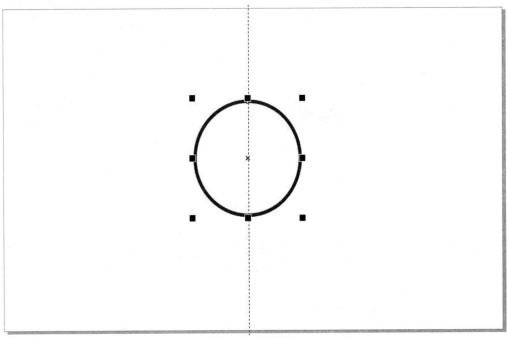

图 9-3 绘制圆形

5. 使用调和工具，在两个圆形中间使用调和，如图 9-4 所示。

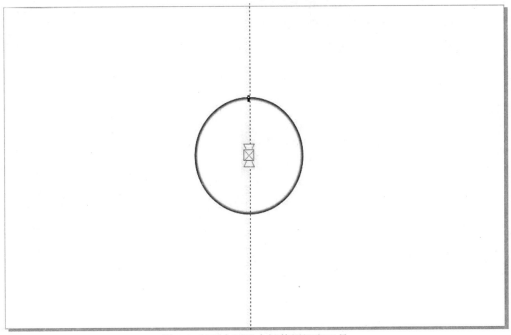

图 9-4 在两个圆形中间使用调和工具

知识链接

调和类型分为沿路径调和、直接调和、复合调和。调和必须用于两个或两个以上图形，而轮廓图只用于一个图形。

技术点拨

锁定和解除锁定不能用于调和对象，适用于路径的文本，有阴影效果的对象等。

6. 使用椭圆形工具绘制正圆，在图 9-4 上绘制一个圆形，如图 9-5 所示。

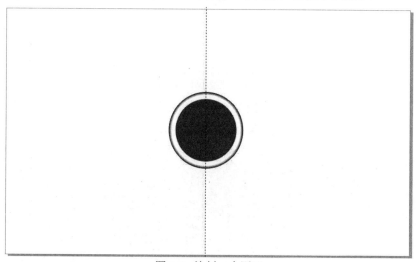

图 9-5 绘制一个圆形

7. 使用文本工具，输入文案，如图 9-6 所示。

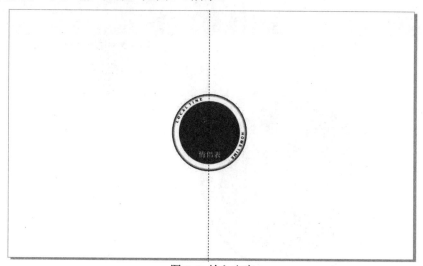

图 9-6 输入文案

8. 使用椭圆形工具，在图 9-6 上绘制两个椭圆形，如图 9-7 所示。

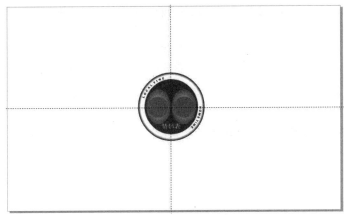

图 9-7　绘制两个椭圆

9. 变换图形，如图 9-8 所示；按快捷键 Ctrl+Q 将图形转换成曲线，调整矩形左右下角，如图 9-9 所示；将图形旋转再制，完成效果如图 9-10 所示。

图 9-8　变换图形

图 9-9　将图形转换成曲线

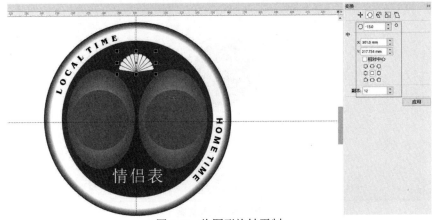

图 9-10　将图形旋转再制

10. 制作表针。使用椭圆形工具，在图 9-10 上绘制一个白色小圆点，将绘制的白色小圆点旋转再制，按照前面介绍的操作方法，得到如图 9-11 和图 9-12 所示的效果。

图 9-11 将绘制的白色小圆点旋转再制

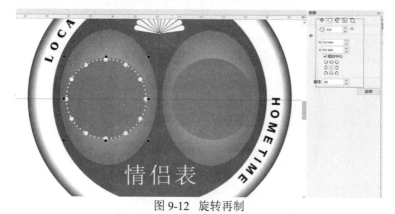

图 9-12 旋转再制

11. 按照上一步方法完成，按快捷键 Ctrl+G 进行组合，按快捷键 Ctrl+D 再制图形，如图 9-13 所示。

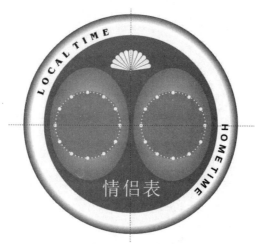

图 9-13 再制图形

12.制作表芯。使用椭圆形工具,绘制一个圆形,然后使用交互式填充工具,从中间拉出渐变,如图 9-14 所示。

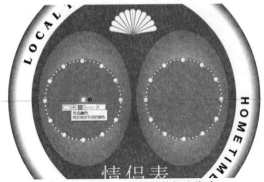

图 9-14　绘制一个圆形并拉出渐变

13. 在表芯上,使用矩形工具,绘制出三条表针,如图 9-15 所示。

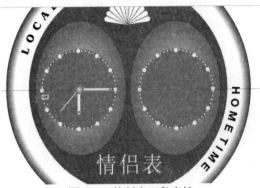

图 9-15　绘制出三条表针

14. 选中表芯和表针按快捷键 Ctrl+G 群组,再复制一个表芯和表针,置于另一个中心点,如图 9-16 所示。

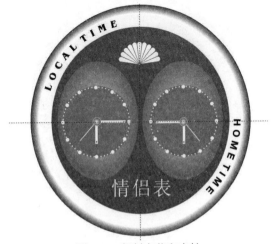

图 9-16　复制表芯和表针

技术点拨

①绘制圆形时按住 Shift 键不放，可以从中心绘制圆形，绘制的起始点就是圆形对角线的交点。

②绘制的同时，按住 Shift 键和 Ctrl 键可以绘制从中心开始的圆形。

③双击矩形工具，可以绘制出和页面大小相同的矩形。

15. 制作手表的调节按钮。使用矩形工具，绘制一个竖矩形和横矩形，如图 9-17 和图 9-18 所示。

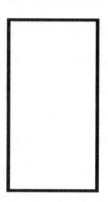

图 9-17 绘制一个竖矩形

图 9-18 绘制一个横矩形

16. 使用交互式填充工具，拉出渐变，完成效果如图 9-19 和图 9-20 所示。

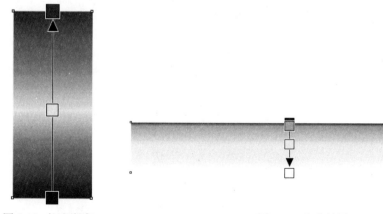

图 9-19 拉出渐变   图 9-20 完成效果

17. 使用矩形工具，复制多个矩形，按快捷键 Ctrl+G 进行组合，如图 9-21 所示。

图 9-21　复制多个矩形

18. 使用交互式填充工具，拉出渐变并填充颜色，如图 9-22 所示。

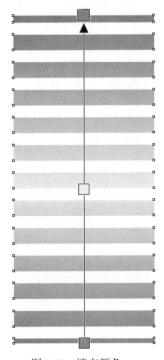

图 9-22　填充颜色

19.使用椭圆形工具,绘制一个大椭圆形和小椭圆形,调整两个椭圆形,如图9-23～图9-25所示。

图9-23 绘制一个大椭圆形

图9-24 绘制一个小椭圆形

图9-25 调整两个椭圆形

20. 使用调和工具调和图形,如图9-26所示。

图9-26 调和图形

21. 使用椭圆形工具，绘制一个椭圆形，如图 9-27 所示；使用矩形工具，绘制一个矩形，再使用形状工具变形，如图 9-28 所示；将椭圆形和矩形组合，如图 9-29 所示。

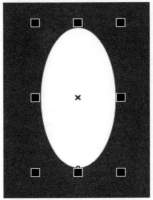

图 9-27　绘制一个椭圆形

图 9-28　绘制一个矩形并变形　　　图 9-29　将椭圆形和矩形组合

22. 使用调和工具调和图形，如图 9-30 所示。

图 9-30　调和图形

23. 使用椭圆形工具，绘制一个椭圆形，如图 9-31 所示；使用贝塞尔工具，绘制一个不规则图形，如图 9-32 所示；将椭圆形与不规则图形组合，如图 9-33 所示；使用调和工具调和图形，如图 9-34 所示。

图 9-31 绘制一个椭圆形　　　　图 9-32 绘制一个不规则图形

图 9-33 将椭圆形和不规则图形组合　　　图 9-34 调和图形

24. 回到第 14 步，在表芯和表针位置输入罗马数字与阿拉伯数字，然后将其与表盘合并，并调整上下，左边的同上面一样复制之后调整反转位置，得到如图 9-35 所示完整的表盘。

图 9-35 完整的表盘

25. 制作表带。使用矩形工具，绘制一个大矩形和小矩形，如图 9-36 和图 9-37 所示。

图 9-36　绘制一个大矩形

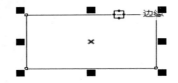

图 9-37　绘制一个小矩形

26. 使用交互式填充工具，将两个矩形拉出渐变并填充颜色，如图 9-38 和图 9-39 所示。

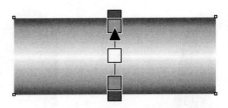

图 9-38　拉出渐变

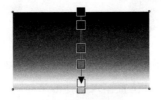

图 9-39　填充颜色

27. 将两个矩形组合，如图 9-40 所示。

图 9-40　将两个矩形组合

28. 使用再制，选中图形得到如图 9-41 所示的图形。

图 9-41　再制图形

29. 将表带与表盘组合，如图 9-42 所示。

图 9-42　将表带与表盘组合

30. 最终效果如图 9-43 所示。

图 9-43　最终效果

二、机器人造型设计

项目导入 ◆

　　机器人作为一种特殊的现代工业产品，要想顺利推广，就必须注重产品的设计环节。这款机器人的外观有一种很可爱很萌的感觉，它的颜色使用的是黑色和蓝色的搭配。产品外观设计与功能硬件精妙融合，让每一处的造型都更加到位，避免了机器人因硬件布局而破坏造型，影响外观的尴尬，使整体造型更加大气。

效果欣赏 ◆

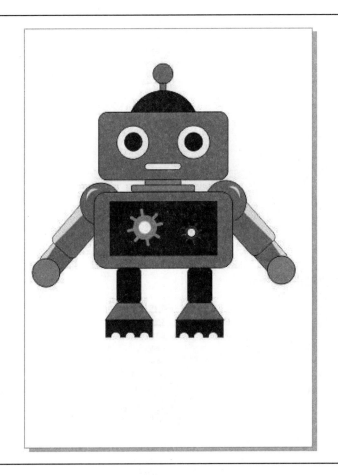

实现过程 ◆

　　1. 启动 CorelDRAW 2018，按快捷键 Ctrl+N，打开"创建新文档"对话框，新建一个宽度为 210.0mm，高度为 297.0mm，纵向，页码数为 1，原色模式为 CMYK，渲染分辨率为 300dpi，名称为"产品造型设计"的文件，最后单击"确定"按钮，如图 9-44 所示。

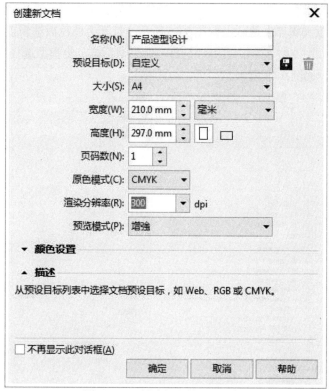

图 9-44 "创建新文档"对话框

2. 绘制机器人头部。使用椭圆形工具，绘制出一个正圆形，如图 9-45 所示。

图 9-45 绘制正圆形

3.将正圆形的颜色设置为#36A8E0,描边颜色设置为#332C2B,在菜单栏中选择"窗口"→"调色板"→"调色板编辑器"选项,如图9-46所示;打开"调色板编辑器"对话框,单击"添加颜色"按钮,如图9-47所示;打开"选择颜色"对话框,将模型选择为CMYK模式,颜色设置为#36A8E0,如图9-48所示。

图9-46 "调色板编辑器"选项

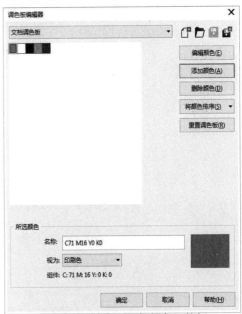

图9-47 单击"添加颜色"按钮

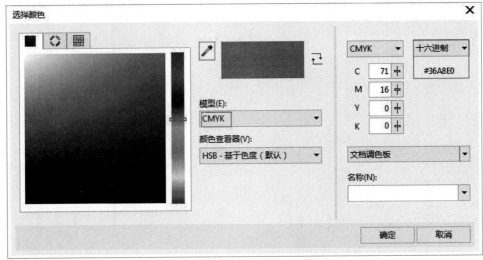

图9-48 "选择颜色"对话框

4. 完成效果如图 9-49 所示。

图 9-49　完成效果

5. 使用矩形工具，绘制出一个宽度为 4.0mm、高度为 7.0mm 的矩形，颜色设置为 #36A8E0，如图 9-50 所示。

图 9-50　绘制矩形

6. 使用椭圆形工具,绘制出一个正圆形,在属性栏中找到饼形,如图 9-51 所示;设置起始和结束角度 180°,如图 9-52 所示;将绘制好的半圆形填充颜色为 #332C2B,如图 9-53 所示。

图 9-51 饼形　　　图 9-52 设置角度　　　　　图 9-53 填充颜色

7. 使用矩形工具,绘制一个宽度为 94.0mm、高度为 48.0mm 的矩形,颜色设置为 #36A8E0,如图 9-54 所示;设置圆角半径为 6.0mm,如图 9-55 所示。

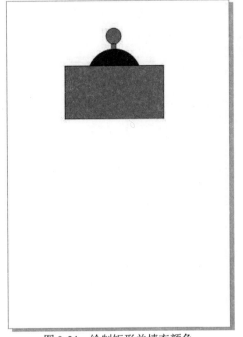

图 9-54 绘制矩形并填充颜色　　　　　　　图 9-55 设置圆角半径

8. 使用椭圆形工具，绘制机器人眼睛，颜色设置为 #FEFEFE、#332C2B，如图 9-56 所示。

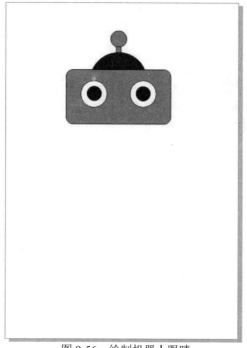

图 9-56　绘制机器人眼睛

9. 使用矩形工具，绘制机器人嘴巴，颜色设置为 #FEFEFE，如图 9-57 所示。

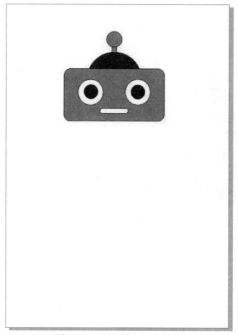

图 9-57　绘制机器人嘴巴

10.使用矩形工具,绘制一个宽度为26.0mm、高度为4.0mm的矩形,设置圆角半径为1.0mm,颜色设置为#F29330,如图9-58所示;继续绘制一个宽度为46.0mm、高度为4.0mm的矩形,颜色设置为#F29330,如图9-59所示。

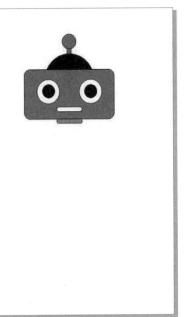

图 9-58 绘制矩形

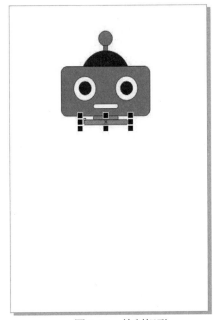

图 9-59 绘制矩形

11. 使用矩形工具,绘制一个宽度为101.0mm、高度为54.0mm的矩形,颜色设置为#36A8E0,设置圆角半径为9.0mm,如图9-60所示;继续使用矩形工具,绘制一个宽度为78.0mm、高度为38.0mm的矩形,颜色设置为#332C2B,如图9-61所示。

图 9-60 绘制矩形

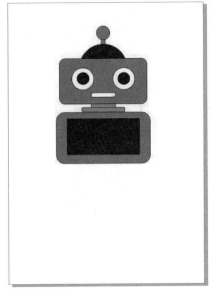

图 9-61 绘制矩形

12. 使用椭圆形工具，绘制一个正圆形；使用矩形工具，设置圆角半径，移动至合适大小，如图 9-62 所示；单击矩形，将中心点移动至圆形中心点，如图 9-63 所示。

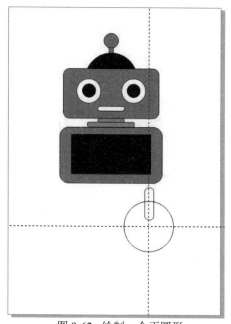

图 9-62 绘制一个正圆形

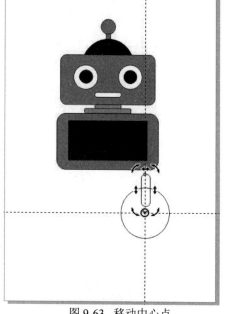

图 9-63 移动中心点

13. 按住鼠标左键拖动图形，设置旋转角度为 45°，鼠标右击复制，如图 9-64 所示；按快捷键 Ctrl+D 再制图形，如图 9-65 所示。

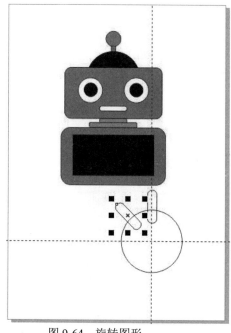

图 9-64 旋转图形

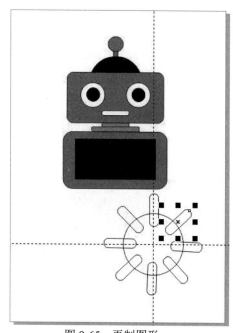

图 9-65 再制图形

知识链接

图形旋转的三种方法

①选中图形，然后在菜单栏中选择"对象"→"变换"→"旋转"选项，或按快捷键Alt+F8，设置旋转角度就可以旋转。

②在工具箱中单击"选择工具"按钮，先选中这个矩形，再单击矩形，出现旋转箭头，将鼠标直接放在旋转箭头上，单击就移动，就可以直接旋转图形。

③在属性栏中找到旋转角度，输入旋转度数，然后按Enter键确认变换，这里可以实现精确旋转。但需要注意的是，旋转是逆时针旋转；将角度设置为0，可以使图形恢复到原来未旋转的状态。

14. 使用选择工具，全部选中图形，如图9-66所示；在属性栏上单击"焊接"按钮，如图9-67所示。

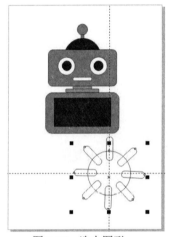

图9-66　选中图形　　　　　　　　　　图9-67　单击"焊接"按钮

15. 图形焊接，如图9-68所示；填充颜色为#F29330，如图9-69所示。

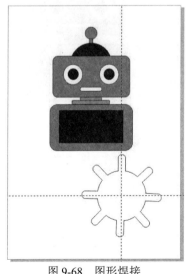

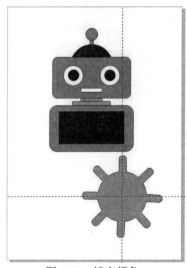

图9-68　图形焊接　　　　　　　　　　图9-69　填充颜色

16.使用椭圆形工具，在图形内部绘制一个正圆形，填充颜色为 #FEFEFE，如图 9-70 所示；使用选择工具选中图形，按住 Shift 键加选至圆形，鼠标左键拖动图形，同时鼠标右键单击复制，如图 9-71 所示；按快捷键 Ctrl+G 进行组合，按住 Shift 键同等比例缩小，并移动至合适位置，如图 9-72 所示。

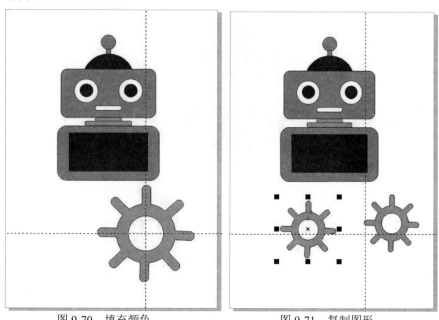

图 9-70　填充颜色　　　　　　　　　　　图 9-71　复制图形

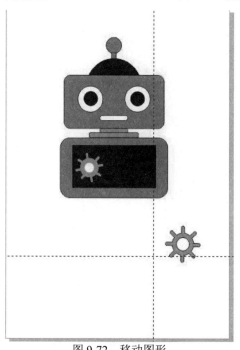

图 9-72　移动图形

17. 使用选择工具选择圆形，填充颜色为 #E62129，如图 9-73 所示；按快捷键 Ctrl+G 进行组合，按住 Shift 键同等比例缩小，并移动至合适位置，如图 9-74 所示。

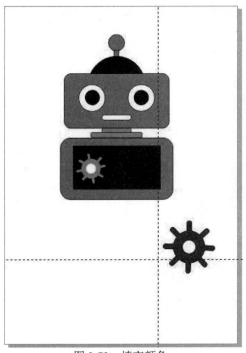

图 9-73　填充颜色

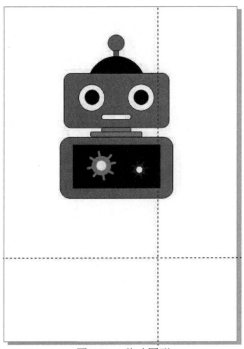

图 9-74　移动图形

知识链接

群组与合并的不同

群组是将两个以上的对象捆绑成一个整体，只是移动缩放视为一个整体，里面的每个对象都有各自的填充与轮廓，本质还是相互独立的，无法用形状工具进行操作。

合并是将两个以上的对象合并成一个对象，合并后对象具有单一的填充样式和单一的轮廓样式，可以用形状工具进行调整。

18. 使用椭圆形工具，绘制一个正圆形，填充颜色为#36A8E0，如图9-75所示；将圆形移动至图层后面，鼠标右击在出现的菜单中选择"顺序"→"到图层后面"选项，如图9-76所示。

图9-75　填充颜色

图9-76　将圆形移动至图层后面

19. 使用矩形工具，绘制一个宽度为 22.0mm、高度为 37.0mm 的矩形，设置圆角半径为 4.0mm，颜色设置为 #36A8E0，如图 9-77 所示；设置旋转角度为 138°，移动至合适位置，如图 9-78 所示。

图 9-77　绘制矩形

图 9-78　移动图形

20. 继续使用矩形工具，绘制一个宽度为 15.0mm、高度为 25.0mm 的矩形，设置圆角半径为 4.0mm，填充颜色为 #36A8E0，如图 9-79 所示；设置旋转角度为 138°，移动至合适位置，如图 9-80 所示。

图 9-79　绘制矩形

图 9-80　移动矩形

21. 使用椭圆形工具，绘制一个正圆形，填充颜色为 #F29330，如图 9-81 所示。

图 9-81　绘制正圆形

22. 使用贝塞尔工具，绘制图形，填充颜色为 #FEFEFE，如图 9-82 所示；使用透明度工具，设置透明度为 20，完成效果如图 9-83 所示。

图 9-82　绘制图形并填充颜色

图 9-83　完成效果

23. 使用贝塞尔工具，绘制图形，填充颜色为 #FEFEFE，如图 9-84 所示；使用透明度工具，设置透明度为 20，完成效果如图 9-85 所示。

图 9-84　绘制图形并填充颜色　　　　　　　　图 9-85　完成效果

24. 继续使用贝塞尔工具绘制图形，填充颜色为 #FEFEFE，如图 9-86 所示；使用透明度工具，设置透明度为 20，完成效果如图 9-87 所示。

图 9-86　绘制图形并填充颜色　　　　　　　　图 9-87　完成效果

25. 使用选择工具，将图形全部选中，按快捷键 Ctrl+G 进行组合，如图 9-88 所示；选中图形右边节点，按住 Ctrl 键向右边翻转同时右击，这样既可以复制，又可以镜像，如图 9-89 所示。

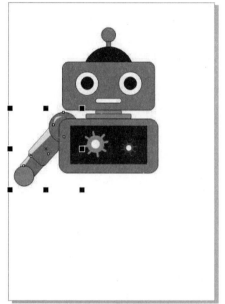

图 9-88　组合图形

图 9-89　复制镜像图形

26. 使用矩形工具，绘制一个宽度为17.0mm、高度为25.0mm的矩形，设置圆角半径为3.0mm，填充颜色为 #332C2B，如图 9-90 所示。

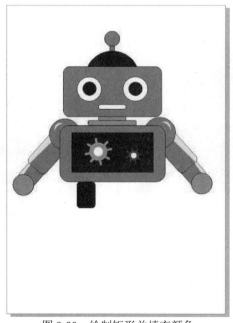

图 9-90　绘制矩形并填充颜色

27. 在左侧工具箱中单击"多边形工具"下拉按钮，在出现的菜单中选择"基本形状"工具，如图 9-91 所示；在属性栏上找到梯形，如图 9-92 所示。

图 9-91　"基本形状"工具

图 9-92　梯形

28. 绘制图形，如图 9-93 所示；填充颜色为 #36A8E0，如图 9-94 所示。

图 9-93　绘制图形

图 9-94　填充颜色

29. 使用椭圆形工具，绘制三个正圆形，填充颜色为 #F29330，如图 9-95 所示；使用选择工具，选择三个圆形和矩形，在属性栏上单击"修剪"按钮，如图 9-96 所示；修剪效果如图 9-97 所示。

图 9-95　绘制三个正圆形

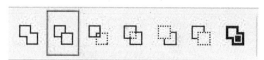

图 9-96　单击"修剪"按钮

图 9-97　修剪效果

30. 使用选择工具，将图形全部选中，按快捷键 Ctrl+G 进行组合，如图 9-98 所示；选中图形右边节点，按住 Ctrl 键向右边翻转同时右击，这样既可以复制又可以镜像，完成效果如图 9-99 所示。

图 9-98　组合图形

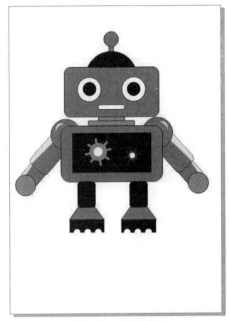

图 9-99　完成效果

31. 最终效果如图 9-100 所示。

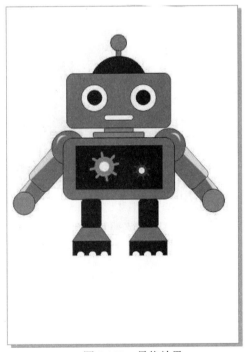

图 9-100　最终效果

小技巧

文件转曲线

需要印刷输出的文件，或在其他计算机上打开同一文件，必须进行转曲线操作，否则打开的文件是错乱的。

注意：文件转曲保存后，文件将不能再编辑，最好保存两个文件，一是文字型，二是曲线型。

项目小结

产品形态的发展是无止境的，产品造型设计迫切要求人们正确认识产品的形式与审美的关系，用"美"的尺度设计制作富有形式美感的现代"艺术品"。

通过本项目的学习，学生基本掌握了产品造型设计的方法与程序，能够使用 CorelDRAW 软件快速表达产品面板设计以及平面设计等。